基礎から学ぶ

Metal
メタル

MetalによるGPUプログラミング入門

林 晃 著

C&R研究所

■権利について

● 本書に記述されている社名・製品名などは、一般に各社の商標または登録商標です。

● 本書では™、©、®は割愛しています。

■本書の内容について

● 本書で紹介しているサンプルは、C&R研究所のホームページ(http://www.c-r.com)から
ダウンロードすることができます。ダウンロード方法については、4ページを参照してく
ださい。

● サンプルデータの動作などについては、著者・編集者が慎重に確認しております。た
だし、サンプルデータの運用結果にまつわるあらゆる損害・障害につきましては、責
任を負いませんのであらかじめご了承ください。

● サンプルデータの著作権は、著者およびC&R研究所が所有します。許可なく配布・販
売することは堅く禁止します。

● 本書の内容についてのお問い合わせについて

　この度はC&R研究所の書籍をお買いあげいただきましてありがとうございます。本書の内容に関
するお問い合わせは、「書名」「該当するページ番号」「返信先」を必ず明記の上、C&R研究所の
ホームページ(http://www.c-r.com/)の右上の「お問い合わせ」をクリックし、専用フォームからお
送りいただくか、FAXまたは郵送で次の宛先までお送りください。お電話でのお問い合わせや本書
の内容とは直接的に関係のない事柄に関するご質問にはお答えできませんので、あらかじめご了承
ください。

〒950-3122 新潟県新潟市北区西名目所4083-6　株式会社 C&R研究所　編集部
FAX 025-258-2801
『基礎から学ぶ Metal ～ MetalによるGPUプログラミング入門』サポート係

⫻ PROLOGUE

　本書はMetalというGPUにダイレクトにアクセス可能なフレームワークの解説書です。Metal はmacOSやiOS/iPadOS、tvOSに標準搭載されたOS標準のフレームワークです。本書で はMetalを使ったGPUプログラミングの最初のステップを解説しています。GPUを利用すると、 CPUだけでは実現できないような速度で計算を行うことも可能になります。

　Metalを使用するには、SwiftかObjective-Cでコードを書く必要があり、本書ではSwift を使ったコードを解説しています。また、MSLというC++をもとにしたシェーダー言語も使用 します。SwiftやC++自体については本書の範囲を超えてしまうので解説していません。そ のため、SwiftやC++を知っている・使ったことがある読者の方を対象にしています。

　気になった章から読んでいただいて構いません。しかし、順番に読んでいただいた方が わかりやすいと思います。本書を見ながら実際にサンプルコードを入力して、動かしてみてく ださい。GPUプログラミングは最初に理解しなければいけないことがたくさんありますが、実 際に動かしていただくと理解しやすいと思います。

　Metalを利用するには、Metalに対応したGPUが搭載されている必要があります。本書 ではiPhoneを例に解説しています。しかし、MetalのコードはmacOSで使用するときにもほ とんど変わりません。そして、本書を執筆しているまさにこのとき、Macには再び大きな変化 が訪れました。それはIntel製のCPUからアップル社が独自に設計・開発したSoCへの移 行です。Metalの力をフルに引き出し、活かせる環境が登場しました。

　本書の執筆・制作にあたり、C&R研究所の皆様に大変お世話になりました。ここで改め て感謝を申し上げます。

　本書を通して、読者の皆様のお役に立つことができたならば、著者としてこれ以上の幸 せはありません。MetalはGPUの力を引き出し、皆様の開発するプログラムに大きな力を与 えてくれるものだと思います。また、CPUのプログラミングとは別の面白さがあります。どうぞ 楽しんでください。

2020年12月

アールケー開発　代表

林　晃

本書について

III 対象読者について

本書はiOSアプリなどの開発経験がある読者を想定しています。また、SwiftやC++の知識があることを前提としています。プログラミングの基本やSwift/C++そのもの、iOSアプリ開発の手法などについては説明を省略していますので、ご了承ください。

III 動作環境について

本書では、次のような開発環境を前提にしています。

- macOS Big Sur 11.0.1
- Xcode 12.2

本書で作成しているサンプルプログラムの動作確認環境は次の通りです。

- macOS Big Sur 11.0.1
- iOS 14

III 本書に記載したソースコードの中の▼について

本書に記載したサンプルプログラムは、誌面の都合上、1つのサンプルプログラムがページをまたがって記載されていることがあります。その場合は▼の記号で、1つのコードであることを表しています。

III サンプルファイルのダウンロードについて

本書で紹介しているサンプルデータは、C&R研究所のホームページからダウンロードすることができます。本書のサンプルを入手するには、次のように操作します。

❶ 「http://www.c-r.com/」にアクセスします。

❷ トップページ左上の「商品検索」欄に「336-2」と入力し、[検索]ボタンをクリックします。

❸ 検索結果が表示されるので、本書の書名のリンクをクリックします。

❹ 書籍詳細ページが表示されるので、[サンプルデータダウンロード]ボタンをクリックします。

❺ 下記の「ユーザー名」と「パスワード」を入力し、ダウンロードページにアクセスします。

❻ 「サンプルデータ」のリンク先のファイルをダウンロードし、保存します。

サンプルのダウンロードに必要な
ユーザー名とパスワード

| ユーザー名 | mgpu |
| パスワード | h6uwm |

※ユーザー名・パスワードは、半角英数字で入力してください。また、「J」と「j」や「K」と「k」などの大文字と小文字の違いもありますので、よく確認して入力してください。

▌▌ サンプルコードの使用方法

　サンプルコードはセクション単位でフォルダに分かれています。各フォルダにはXcodeのプロジェクトファイル、または、プレイグラウンドファイルが入っていますので、Xcodeで開いてください。Xcodeのライブプレビューやシミュレータで動作を確認できます。

　なお、該当のサンプルファイルについては、誌面に記載しているサンプルコードの先頭にコメントの形でパスを含めたファイル名を記載していますので、そちらを参照してください。たとえば、下記の場合は、SampleCode → CHAPTER02 → 02-02e → HelloMetal ディレクトリ内の Renderer.swift のコードになります。

SAMPLE CODE

```
// SampleCode/CHAPTER02/02-02e/HelloMetal/Renderer.swift
import Foundation

... 省略 ...
```

CONTENTS

■ CHAPTER 03

GPGPU

■CHAPTER 04

デバイス

■CHAPTER 05

デバッグ・チューニング支援機能

■CHAPTER 06

テクスチャ

CHAPTER 01

Metalの概要

Metalとは何か

　iPhoneやiPad、Mac、Apple TVなどAppleのプラットフォームだけではなく、Windows系のパソコンやAndroidにもみな、GPUというグラフィックスを処理するための専用ユニットが搭載されています。GPUは「Graphics Processing Unit」の頭文字を取った略称です。GPUはディスプレイへの映像出力や画像処理などを行います。MetalはこのGPUに直接アクセスして独自の処理を行うための機能を提供するフレームワークです。

　OpenGLやOpenCLを使った経験がある方にとっては、それらを置き換えるフレームワークという捉え方もできるでしょう。

▓ GPUとCPUの違い

　MetalはGPUに直接アクセスできる機能を持っています。では、GPUに直接アクセスできるとどのような良いことがあるのでしょうか?それを知るためには、GPUとCPUの違いを考えてみましょう。

　CPUは「Central Processing Unit」の略称です。CPUはコンピューターの頭脳とよく表現されます。CPUは中央演算処理装置と翻訳されます。その名前の通りコンピューターが行う各種演算を行うユニットです。プログラムもCPUが実行します。

　プログラムは無数に存在します。macOSやiOSなどのOSもプログラムの集合体です。単純なプログラムから複雑な処理を行うものまで無数に存在します。それらに対応できるCPUは、言うならば万能選手のゼネラリストです。

　GPUはグラフィックスに関する演算に特化した専門家、スペシャリストです。万能選手であるCPUもグラフィックスに関する演算は行えますが、スペシャリストであるGPUには及びません。同じ結果を出すのに、CPUよりも何倍も早くGPUは結果を出します。

　GPUは高速な演算を実現するために次のようなことを磨き続けています。

- グラフィックス処理で使われる演算を行う専用回路や命令セット
- 演算を担当する大量のシェーダープロセッサ

●CPUとGPUの特徴

画像や映像は画素と呼ばれる、個々の点が集まっています。グラフィックス処理は個々の点の見え方を計算する処理です。1つひとつの点の計算は単純でも膨大な個数を計算する必要があるため、時間がかかります。GPUは個々の点を計算するシェーダープロセッサを膨大に持つことで同時に処理（並列処理）して高速化します。

CPUのコア数とGPUのシェーダープロセッサ数を調べてみると、次の表のようになります。

◉CPUのコア数（2020年5月11日時点）

マシン	CPU	コア数
MacBook Pro 16-inch, 2019	Intel Core i7	6
	Intel Core i9	8
iMac Retina 5K, 27-inch, 2019	Intel Core i5	6
	Intel Core i9	8
Mac Pro 2019	Intel Xeon W	8/12/16/24/28

◉GPUのシェーダープロセッサ数（2020年5月11日時点）

マシン	GPU	シェーダープロセッサ数
MacBook Pro 16-inch, 2019	AMD Radeon Pro 5300M	1280
	AMD Radeon Pro 5500M	1536
	Intel UHD Graphics 630	96
iMac Retina 5K, 27-inch, 2019	AMD Radeon Pro 570X	2048
	AMD Radeon Pro 575X	2048
	AMD Radeon Pro 580X	2304
	AMD Radeon Pro Vega 48	3072
Mac Pro 2019	AMD Radeon Pro 580X	2304
	AMD Radeon Pro W5700X	2560
	AMD Radeon Pro Vega II	4096

一方で、GPUは複雑な処理が苦手です。条件分岐するような処理は速度の低下を招くので、できるだけ分岐をしないで済むようなアルゴリズムにするのがよいです。個々の処理は単純に計算を行うだけ、他の計算に関する情報は不要というのが最も得意です。GPUで行う処理は工場で行う大量生産のようなイメージになるように実装するのがよいでしょう。

また、ここの表ではIntelのプロセッサを搭載したMacだけを取り上げましたが、Apple独自のM1チップを搭載したMacや、iPhoneなどに搭載されているAシリーズのチップにもGPUは搭載されており、同様に複数のコアや演算ユニットを搭載しています。

||| Metalが持っている機能

MetalはGPUにダイレクトにアクセスして、次のようなことを行うことができます。

- GPU上のメモリを確保する。
- CPU/GPUの両方からアクセス可能なメモリを確保する。
- デバイスに搭載されているGPUの情報を取得する。
- シェーダーをGPU上で実行して計算を行う。
- シェーダーをGPU上で実行してレンダリングを行う。
- レンダリング結果を表示する。

　シェーダーは、MSL（Metal Shader Languageの略称）というC++をもとにした言語で記述するプログラムです。アプリ独自のシェーダーをGPU上で実行できます。たとえば、高度な画像処理をGPU上で実行する、3Dシーンをレンダリングするといったことが可能です。

||| Metalを使うことができるOS

　Metalは次のようなアップルのプラットフォーム上で使用できます。

- macOS 10.11（OS X El Capitan）以降
- iOS 8.0以降
- tvOS 9.0以降

　AndroidやWindowsでは使用できないので、OpenGLやOpenCLのようにクロスプラットフォームで使用することができないのは残念です。クロスプラットフォームに対応したアプリで使用するには、アプリのビジネスロジックからは、直接Metalのクラスや関数を触れないように抽象化やカプセル化を行い、実行するプラットフォームによってMetalとOpenGL/OpenCL/DirectX/Vulkanなどを使い分けるような設計・実装にするのがよいと思います。

　また、MetalはOSのバージョンによって使用できる機能が異なります。macOSのアプリで使うときには、著者の経験ではmacOS 10.11は同じGPUにもかかわらず、macOS 10.12以降と取得できる情報が異なる場合があるなど、注意が必要です。また、シェーダーの中で64ビット整数が使用可能なOSは、MSL 2.2以降が使用可能なiOS 13/tvOS 13/macOS 10.15以降です。シェーダーの中で64ビット整数を使用する必要があるときは、古いOSでは対応できません。OpenCLから移植するときには64ビット整数の有無によって動作環境を引き上げることも検討してください。旧OSの対応を切れないときには、クロスプラットフォーム対応と同様に旧OSではOpenCLを使うなどの使い分けを行います。

||| Metalの位置付け

　OSの内部はレイヤー構造になっています。低レイヤーほどハードウェアに近くなり、細かく柔軟な制御ができるようになっています。その代わりに簡単に見えることを行うにもたくさんのコードが必要になったり、より深い知識が必要になります。高レイヤーは低レイヤーの機能を使って高度な機能を実装しています。少ないコードで多くの機能を提供したり、各OSでの標準的な機能を提供します。

　Metalは低レイヤーに位置するフレームワークです。GPUにダイレクトにアクセスできるという特徴からもわかる通り、ハードウェアに近いレイヤーです。そのため、柔軟な制御と引き換えに多くのコードを必要とします。

　また、低レイヤーに位置するフレームワークなので、OS内の他のフレームワークからも使用されています。たとえば、SwiftUIはMetalを使ってビューのレンダリングを行っています。Core Image、SpriteKit、SceneKitなどもGPUを使ってパフォーマンスを確保するためにMetalを使用しています。

▌▌▌ 開発環境が持っている機能

　Xcode、Instruments、シミュレーターにはMetalでの開発を支援するために次のような機能が入っています。GPUプログラミングのデバッグやチューニングは試行錯誤を多く要求される作業です。少し言葉が悪いですが、泥臭い作業が多く発生します。そのようなときにも力を発揮してくれる頼もしい機能が用意されています。

- MSLで書かれたシェーダーのビルド機能
- XcodeのGPUフレームキャプチャ
- MetalのAPIの実行時のバリデーション
- InstrumentsのGPUカウンター
- InstrumentsのMetalシステムトレース
- シミュレーター上でのMetalの実行

　本書ではXcodeから実行できる機能の内容や使い方をCHAPTER 06にて解説します。

01

Metalの概要

02

03

04

05

06

MetalのバージョンとGPUによる違い

Metalは最初のバージョンが登場してからずっと改善が続けられてきました。Metalのバージョンによって使用可能な機能が異なります。また、MetalはGPUを使うので、実行マシンに搭載されているGPUによっても使用可能な機能が異なります。

||| 機能セットについて

Metalでは機能セットという仕組みで、実行時にGPUが特定の機能に対応しているかどうかを調べることができます。アプリは実行時に機能セットとOSのバージョンを判定して、使いたい機能が使えるかを調べます。使用できないときには、エラーメッセージを表示したり、使用可能な代替処理を実行するなどします。

機能セットの内容については、次のURLを参照してください。機能セットの内容がテーブルで公開されています。

● Using Metal Feature Set Tables

URL https://developer.apple.com/documentation/metal/
gpu_features/using_metal_feature_set_tables

実行時にGPUが対応している機能セットを調べる具体的なコードについては、95ページの『デバイスが持っている能力を調べる』を参照してください。

GPUを使ったプログラミングの基礎

　GPUプログラミングには、はじめて行うときには非常にわかりにくい部分があります。ほぼ何もせず、入力データをそのまま出力データに流すようなシェーダー（「パススルー」と呼ばれるシェーダー）を1つ動かすだけでも、いろいろなオブジェクトが必要となり、CPUで配列やメモリバッファをコピーするときと比べて、多くのコードが必要になります。著者ははじめて行ったときに、どこから手を付けて学んでいけばよいのだろうかと途方に暮れるような気持ちになりました。

　しかし、Metal以外のフレームワークも経験していくと、他のフレームワークでも同じようなオブジェクトがあり、同じような手順を踏んで、GPUに処理を行わせていることがわかってきました。このパターンを先に知っておくと、Metalでのコードも理解しやすくなると思いますので、ここで紹介したいと思います。

▌▌▌ GPUのプログラミングのよくあるパターン

　GPUのプログラミングでは、シェーダー関数をGPU上で実行します。シェーダー関数はアプリやライブラリなどで実装します。シェーダー関数を実行するまでの流れは次の図の通りです。

●シェーダー関数実行までの流れ

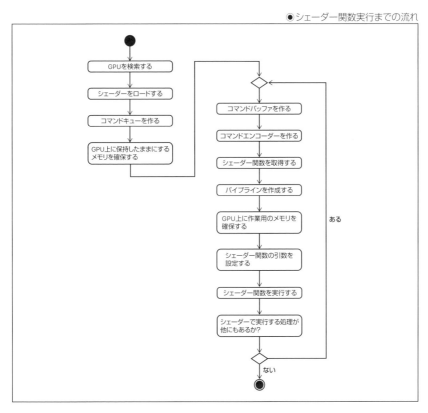

▶ GPUを検索する

　最初に行うのがMetalに対応したGPUを検索する処理です。Macであれば複数GPUを搭載している可能性もあります。外付けのeGPUが接続されている可能性もあります。どのデバイスを使用するかはアプリにもよりますが、デフォルトのGPUをOSから取得することもできます。Macであれば、ウインドウがあるスクリーンからGPUを決定したり、VRAMが最も多いものを使うなど、Metalをどのように使用するかによっても選択方法は変わります。

▶ シェーダーをロードする

　シェーダーはSwiftやObjective-Cで書かれたアプリとは別に、MSL（Metal Shading Language）で記述します。ビルドされたファイルは自動的にロードされるデフォルトライブラリに組み込まれます。アプリによっては、別ファイルでリソースに組み込み、アプリ側から明示的にロードするという場合もあります。

▶ コマンドキューを作る

　GPUで実行する命令を積んでいくキューを作ります。キューから順番に命令が取り出され、GPU上で実行されます。ここで重要なポイントはCPUからGPUに何かを行わせるときは、キューに積まれて、順次実行される非同期処理であるということです。結果が返ってくるまでの間、アプリはそのまま待機して待つこともできますし、他の処理を行いながら結果が返ってきたら、そのときに初めて処理を行うということもできます。ユーザー体験的にも望ましいのは後者でしょう。しかし、比較的早く終わる計算のときには、そのまま待機して、その結果を次の計算に使用するということもあります。

▶ GPU上に保持したままにするメモリを確保する

　GPUで計算を行うときにボトルネックになりがちなものがメモリバッファの確保と、メモリバッファの転送です。そこで多くのプログラムでは、何度も使用するデータはあらかじめ確保したメモリバッファに入れておき、内容が変わらない限りは再利用できるようにします。変更されたときのみ再転送します。それによって、メモリバッファの確保と転送の回数をできるだけ減らすようにします。

　また、CPUで普通に確保したメモリバッファはGPU上で動作するシェーダー関数からは読み書きができません。たとえば、`malloc`関数で確保したバッファを直接シェーダーに渡すなどはできません。GPU上に確保する必要があります。逆もそうで、GPU上に確保したメモリバッファはCPU側で動作するプログラムからは直接は読み書きできません。バッファ転送を行って、内容を転送する必要があります。大量のデータになれば時間もかかるので、回数をできるだけ減らす必要があります。

なお、MetalはCPU/GPUの両方から読み書き可能なメモリバッファを確保することができます。しかし、パフォーマンスを考えるとGPU専用に確保したものの方がGPUからは高速に読み書きできます。しかし、どちらの種類のメモリバッファを使った方がプログラム全体でパフォーマンスが良いかはケースバイケースです。シェーダー関数の内容やCPUからの利用頻度、書き換え頻度、データサイズなど、条件によって異なります。たとえば、シェーダー関数での処理がかなり早く終わるようなところに、GPU専用メモリバッファを使うと、バッファ転送時間の方がボトルネックになってしまいます。

▶ コマンドバッファを作る

GPUへの命令を格納するのがコマンドバッファです。実行するシェーダー関数や関数に渡す引数、実行するGPU命令や付随するデータなどを格納するバッファです。GPUに送信するものをひとまとめにするコンテナです。

MetalではGPUに何かを行わせるにはコマンドバッファを作って、行わせたいことをコマンドバッファに入れて渡します。

▶ シェーダー関数を取得する

ロードされたシェーダーはフレームワークや共有ライブラリのようになっています。シェーダー関数を実行するには、このライブラリからシェーダー関数オブジェクトを取得します。共有ライブラリから関数へのポインタを取得するようなイメージです。

▶ パイプラインを作成する

取得したシェーダー関数オブジェクトは関数を表すオブジェクトであって、実行コードではありません。実行するためにはパイプラインが必要になります。

パイプラインには実行する関数の内容が格納されます。Metalの場合はパイプラインのことをパイプライン状態オブジェクト（Pipeline State Object、PSOと略すこともある）と呼んでいます。

▶ GPU上に作業用のメモリを確保する

シェーダー関数に渡される引数はすべてメモリバッファで渡します。前ページの『GPU上に保持したままにするメモリを確保する』で解説した事前確保しているメモリバッファだけではなく、呼び出し時に毎回異なる値を渡すことも当然あります。CPU上で動作するSwiftの関数に渡す引数を想像して頂くとわかる通りです。

そのようなシェーダー関数に渡す引数はすべてメモリバッファを確保して、メモリバッファに内容を書き込みます。呼び出すシェーダー関数の内容によって、どこに確保するか、どのような種類を使用するかは異なります。メモリバッファの種類については、本書の中で使いながら解説します。

▶ シェーダー関数の引数を設定する

シェーダー関数に渡される引数、実行されるシェーダー関数を入れたパイプライン状態オブジェクト、GPUへのその他の命令などをセットする処理は、コマンドエンコーダーを使用します。コマンドエンコーダーは、それらの情報をコマンドバッファに格納します。

▶シェーダー関数を実行する

シェーダー関数の実行はディスパッチと呼びます。処理はシェーダープロセッサに分散・並列実行されます。どの程度の数を並列実行できるかはGPUの性能によって異なります。何個、並列させるかも実行命令をエンコードするときに指定します。エンコードと呼んだように、ディスパッチ命令もコマンドエンコーダーを使ってエンコードします。

コマンドのエンコードが完了したら、最後にGPUに命令を送信して実行させます。シェーダーの実行は非同期処理です。CPU上で実行しないので、アプリに制御がすぐに戻ります。この時点ではGPU上で処理が実行中です。

非同期で実行される処理を、実行完了まで待機するかどうかはアプリ次第です。プログレスバーの表示やユーザー操作を受け付けるためだったり、画面表示をMetalに行わせるときには、完了を待たずに、次の処理に進んだ方が良いでしょう。GPUを計算エンジンとして使用するときには、GPUから返される計算結果を使って次の処理を行う必要があります。このようなときには、実行完了まで待機することになるでしょう。

||| CPUとGPUの役割分担

GPUプログラミングではCPUとGPUの役割分担についても押さえておくとよいでしょう。GPUプログラミングでは多くのケースで次のように役割分担しています。

●GPUを描画処理に使用するときの処理と役割分担

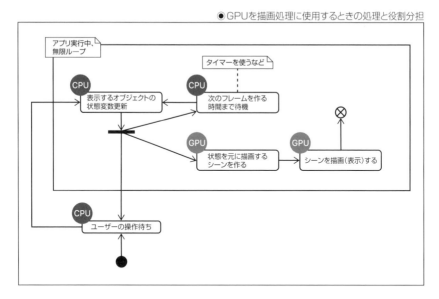

●GPUを計算用に使用するときの処理と役割分担

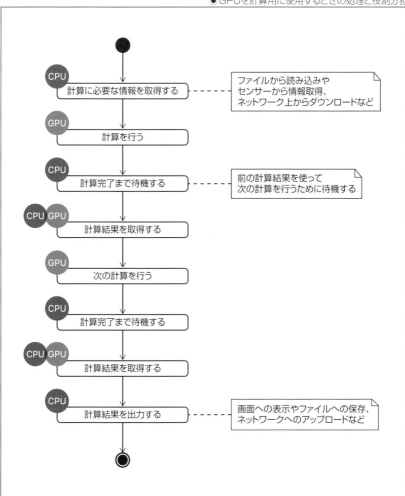

▌▌▌類似技術について

GPUプログラミングはMetal専用のものではありません。ここでは他のフレームワークや技術について紹介します。

▶ OpenGL

古くからさまざまなプラットフォームに対応してきたコンピューターグラフィックスライブラリです。GPU側もOpenGLに対応しており、OpenGLでグラフィックス処理を実装すれば、GPUによるハードウェア高速化も行われます。

macOSやiOSでも昔からOpenGLに対応していて、ゲームやグラフィックス編集アプリなどで広く使われてきました。しかし、現在はアップルプラットフォーム上では非推奨となり、Metalが推奨されています。アップルプラットフォーム上ではいつ動かなくなるかわからないので、新規で開発するアプリはMetalで実装するのがよいでしょう。すでにOpenGLで実装されているものについても、将来のことを考えるとMetalに移行するべきでしょう。

- OpenGL - The Industry's Foundation for High Performance Graphics
  URL https://www.opengl.org/

▶ OpenCL

マルチコアCPUやGPUを使って計算処理を行うためのライブラリです。シェーダーと同様に、GPUなどで動かすコードをアプリ本体とは別にカーネル関数として実装します。カーネル関数は実行時に実行マシンに搭載されているデバイス専用にビルドされて、実行するデバイスに最適化されたマシンコードで実行します。

OpenGLにもシェーダーがあり、同様にGPU上で実行されますが、どちらかというとOpenGLはグラフィックス処理を目的に最適化されており、OpenCLは計算処理に最適化されています。高度な計算を高速化する目的で実装するときには、シェーダーとして作るよりも、OpenCLのカーネル関数として実装する方がやりやすいでしょう。

しかし、OpenCLもOpenGLと同様にアップルプラットフォーム上では非推奨となりました。将来のことを考えると、OpenCLのコードもMetalに移行するのが望ましいでしょう。

- OpenCL Overview - The Khronos Group Inc
  URL https://www.khronos.org/opencl/

▶ Vulkan

VulkanはKhronos社が策定している新しいグラフィックス・計算処理用のライブラリです。OpenGLとOpenCLもKhronos社が仕様を策定しています。

OpenGLは歴史が古い分、さまざまな機能があり、肥大化してしまっています。そのため、無駄が多くなってきているという側面があります。VulkanはMetalと同様にGPUにダイレクトにアクセスできる構造になっており、OpenGLで肥大化してしまった部分がなくなっています。OpenGLと比べて高速に動作できるようになっています。

VulkanとMetalは考え方がよく似ています。1つのプロジェクトでMetalとVulkanの両方に対応するコードの開発経験がありますが、考え方が似ていたので、使用するプラットフォームによってMetalとVulkanを切り替えるコードを実装するときに、無理がないと感じました（全く違う部分もあったので、ダミー的な処理になってしまった部分も少しありましたが……）。

Vulkanをアップルプラットフォーム上で使用したい場合には、互換ライブラリがオープンソースで存在しています。それを組み合わせることで、VulkanのAPIを動かすことができます。この互換ライブラリはVulkanのAPIをMetalで実装しているライブラリです。Vulkanのシェーダーをメタルのシェーダーに変換して、Metalとして動かす機能も持っています。

- Vulkan - Industry Forged
  URL https://jp.khronos.org/vulkan/

▶ DirectX

DirectXはWindowsやXboxなどのマイクロソフトのプラットフォーム上で利用可能なマルチメディア・ゲーム用APIです。OSに内蔵されています。DirectXに含まれるDirect3Dには、OpenGLやMetal, Vulkanなどと同様にシェーダーがあり、アプリ側でシェーダーを実装して、GPU上で実行することができます。DirectX11ではDirectComputeが追加され、計算用のコンピュートシェーダーもサポートされました。

DirectXはアップルプラットフォーム上ではサポートされていません。Metalで実装したアプリをWindowsに移植するときには、使用する技術の候補の1つになると思います。

- DirectX graphics and gaming - Win32 apps | Micosoft Docs
  URL https://docs.microsoft.com/ja-jp/windows/win32/directx

▶ OpenMP

OpenMPは並列プログラミングを行うためのAPIです。対応しているコンパイラで並列化したい部分を専用の `#pragma omp` 文で指定すると、スレッドの生成やマルチコアへの分散を行うコードを生成してくれます。ただし、OpenMPが行うのはGPUへの分散化ではなく、CPUでの分散化です。そのため、Metalがターゲットとしている領域とは異なります。

また、XcodeおよびXcodeに付属するclang/LLVMは標準ではOpenMPに対応していません。別のコンパイラを導入するか、OpenMPに対応するためのライブラリを導入する必要があります。たとえば、著者はMac上では Intel Parallel Studio XE Composer Edition for C++（Intel C++ Compiler）を使っています。

- Home - OpenMP
  URL https://www.openmp.org/

▶ Dispatch

Dispatchはアップルプラットフォーム上で利用可能な分散処理フレームワークです。DispatchはGCD（Grand Central Dispatchの略称）という名前でも知られています。macOSやiOSなどのアップルプラットフォーム上のOSに内蔵されています。キューに登録されたブロックをスレッドに分散させて実行できます。非同期処理や分散処理を行いたいときに標準的に使われています。OSに内蔵されているフレームワークでもさまざまな場所で利用されています。

　GCDはCPU上での並列処理です。そのため、Metalがターゲットしている領域とは異なります。しかし、Metalと組み合わせて利用することもあるでしょう。また、Metalでは並列化できない処理を並列化させるときには、第一候補となるでしょう。著者の経験では、画像処理のリサイズのアルゴリズムをDispatchで実装したところ、CPUでシングルコアで処理した場合と比較して2.5倍から4倍程度高速に処理することが可能でした。

　ネットワーク処理などもMetalを使って並列化するようなタイプの処理ではないので、GCDを利用します。また、OpenCVというオープンソースの画像処理ライブラリではプラットフォームによって複数の並列処理の方法を切り替えて利用できるようになっています。MacやiOSでのデフォルト設定での並列化はDispatchを使用するようになっています。

● Dispatch | Apple Developer Documentation

　URL　https://developer.apple.com/documentation/dispatch

CHAPTER 02

はじめてのMetal
プログラミング

Metalアプリの開発について

Metalアプリの開発は次の2種類を開発します。

- CPUで実行する処理を実装するアプリ
- GPUで実行する処理を実装するシェーダー

||| アプリとシェーダーの開発

20ページの『CPUとGPUの役割分担』で解説した通り、CPUとGPUで受け持つ役割が異なります。CPUが担当するアプリの部分は、Metalを利用しない他のアプリと同様にSwiftやObjective-Cなどで実装します。GPUが担当するシェーダー部分はMSL（Metal Shader Language）という専用の言語で開発します。

MSLはC++14をもとにした言語です。MSLは言語仕様も公開されています。言語仕様書の中に、C++14との違いをまとめたセクションがあります。CPUで実行していたC++のコードをシェーダーに移植するときに、動作しなかったり、ビルドエラーになってしまった場合には、MSLでの制限や違いに引っかかった可能性があります。たとえば、アドレス空間の指定の追加や引数テーブルのインデックスの指定の追加などは必ず必要になります。そのようなときには言語仕様書が参考になると思います。

- Metal - Apple Developer
  URL https://developer.apple.com/metal/

- Metal Shading Language Specification
  URL https://developer.apple.com/metal/
  Metal-Shading-Language-Specification.pdf

プロジェクトを作る

本書ではMetalの使い方を、単純なサンプルアプリの開発を通して解説したいと思います。ぜひ、実際に本書を見ながらやってみてください。ここではiOSアプリを作ってみましょう。まずは、アプリのプロジェクトの作成からです。

iOSアプリのプロジェクトの作成

Metalを使用するアプリのプロジェクトを作成します。「Game」テンプレートを選択し、「Metal」を使用するようにオプションを指定すると、Metalを使ったコードが書かれたプロジェクトが作られます。しかし、このプロジェクトを使ってしまうと、既存のプロジェクトへの組み込み方や、Metalを使う具体的な手順をスキップしてしまうので、あえて何も設定されていないプロジェクトを作りたいと思います。また、GUIは、iOS 13から使用可能になったSwiftUIを使って実装します。

Xcodeで次のように操作します。

❶ 「File」メニューの「New」→「Project」を選択します。テンプレート選択シートが表示されます。

❷ 「iOS」の「App」を選択し、「Next」ボタンをクリックします。

●テンプレートの選択

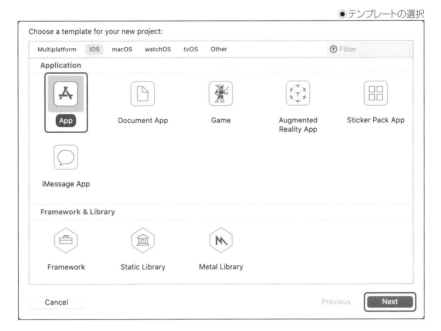

❸ プロジェクトのオプションを次の表のように入力して、「Next」ボタンをクリックします。

項目	入力/選択する値
Product Name	HelloMetal
Team	自分の所属チーム。「None」の場合はシミュレーターのみで実行可能
Organization Identifier	com.example
Interface	SwiftUI
Life Cycle	SwiftUI App
Language	Swift
Use Core Data	OFF
Include Tests	OFF

● プロジェクトオプションの指定

❹ 「Create Git repository on my Mac」をOFFし、任意の場所を選択して「Create」ボタン
をクリックします。

●保存先の選択

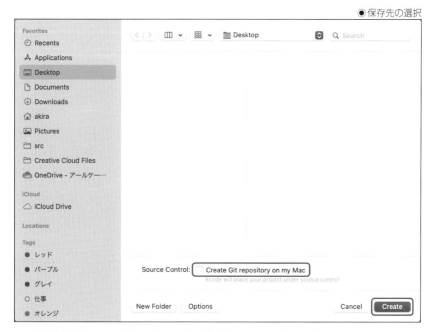

❺ 選択した場所にフォルダが作成され、プロジェクトファイル一式が作成されます。

●プロジェクトウインドウ

●作成されたフォルダ

描画処理の基本ロジックを作る

作成したプロジェクトにMetalを使った描画処理の基本ロジックを実装しましょう。ここでは、Metal Kitの `MTKView` を使って描画するように実装します。

⫶ 作成するアプリのクラス構成

作成するサンプルアプリのクラス構成は次の図のようになります。

◉ サンプルアプリのクラス構成

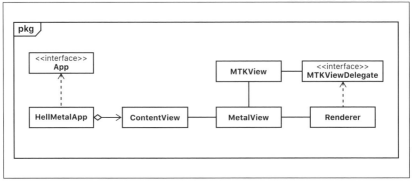

各クラスの概要は次の表のようになります。

クラス・タイプ	説明
HelloMetalApp	SwiftUIのアプリの骨格になるタイプ
ContentView	アプリ起動時に表示されるビュー
MetalView	「MTKView」を表示するためのSwiftUIのビュー
MetalView.Coordinator	「MetalView」のコーディネーター。「MTKView」のデリゲート
MTKView	「MetalKit」のビュークラス。Metalを使った描画処理を行うビュー
Renderer	Metalを使った処理を実装するクラス。本書でこれから作成するクラス

次のクラスやタイプはプロジェクト作成時に生成されています。

- HelloMetalApp
- ContentView

また、次のビューは `MetalKit` フレームワークのクラスです。

- MTKView

▐▐▐ 「Renderer」クラスを追加する

Renderer.swift ファイルをプロジェクトに追加してください。追加したファイルには、次のようなコードを入力してください。

SAMPLE CODE

```
// SampleCode/CHAPTER02/02-02e/HelloMetal/Renderer.swift

import Foundation
import MetalKit

class Renderer: NSObject, MTKViewDelegate {

    func mtkView(_ view: MTKView, drawableSizeWillChange size: CGSize) {

    }

    func draw(in view: MTKView) {

    }
}
```

▶ import MetalKit

前ページのクラス図にある通り、Renderer クラスは MTKViewDelegate プロトコルの適合クラスです。MTKViewDelegate プロトコルは MetalKit フレームワークのプロトコルです。そのため、import MetalKit 文で MetalKit を読み込みます。

▶ MTKViewDelegate プロトコルの必須メソッド

MTKViewDelegate プロトコルは2つの必須メソッドを定義しています。Renderer クラスで実装している（まだ中身はなく空ですが）メソッドがその必須メソッドです。

```
// ビューのサイズが変わるときに呼ばれる
func mtkView(_ view: MTKView, drawableSizeWillChange size: CGSize)

// ビューの内容を描画する必要があるときに呼ばれる
func draw(in view: MTKView)
```

各メソッドで行う具体的な処理については、本書のもう少し後の項目で実装しながら解説します。

▐▐▐ 「MTKView」を表示する「MetalView」を追加する

MTKView クラスはMetalKitのUIKitのビュークラスです。Metalを使った描画処理を実装しています。描画内容はデリゲートで制御できるようになっています。

このサンプルアプリではSwiftUIを使っているので、**MTKView** をそのままでは配置できません。SwiftUIでは、UIKitのビューを表示するには、**UIViewRepresentable** プロトコルに適合したビューを作り、そのビューでUIKitのビューを表示します。

MetalView.swift ファイルを追加し、次のコードを入力してください。

SAMPLE CODE

```
// SampleCode/CHAPTER02/02-03/HelloMetal/MetalView.swift
import SwiftUI
import MetalKit

struct MetalView: UIViewRepresentable {
    // MTKViewを表示する
    typealias UIViewType = MTKView

    // MTKViewを作る
    func makeUIView(context: Context) -> MTKView {
        let view = MTKView()
        view.delegate = context.coordinator
        return view
    }

    // ビューの更新処理
    func updateUIView(_ uiView: MTKView, context: Context) {

    }

    // コーディネーターを作る
    func makeCoordinator() -> Renderer {
        return Renderer(self)
    }
}

struct MetalView_Previews: PreviewProvider {
    static var previews: some View {
        MetalView()
    }
}
```

次のように、**Renderer** クラスから **MetalView** を参照できるようにコードを追加してください。

SAMPLE CODE

```
// SampleCode/CHAPTER02/02-03/HelloMetal/Renderer.swift
// 省略
class Renderer: NSObject, MTKViewDelegate {
    // このプロパティを追加する
    let parent: MetalView

    // このイニシャライザを追加する
    init(_ parent: MetalView) {
        self.parent = parent
    }

    // 省略
}
```

SAMPLE CODE

```
// SampleCode/CHAPTER02/02-03-HelloMetal/HelloMetal/ContentView.swift
import SwiftUI

struct ContentView: View {
    // 次のように「body」の中身を変更する
    var body: some View {
        MetalView()
    }
}

struct ContentView_Previews: PreviewProvider {
    static var previews: some View {
        ContentView()
    }
}
```

▶ コーディネータークラス

SwiftUIでUIKitのビューを表示するにはコーディネータークラスを作り、UIKitの世界とSwiftUIの世界を橋渡しさせます。本書の **MetalView** のコーディネータークラスは **Renderer** クラスです。 **Renderer** クラスは **MTKViewDelegate** プロトコルの適合クラスで、**MTKView** クラスのデリゲートに指定します。

コーディネーターは一般的には、SwiftUIのビューの中に、入れ子でクラスを定義します。しかし、本書で作成するコーディーネータークラスである **Renderer** クラスは、Metalの処理をいろいろと実装するので、入れ子にするとわかりにくくなってしまいます。そのため、外に出して実装することにしました。

▍▍▍ デフォルトデバイスの取得

Metalの準備処理で最初に行うのはデバイスの検索です。Macでは複数のデバイスが接続されている可能性があるので、取得した中からアプリの処理内容に合わせたデバイスを選択したり、デバイスリストを表示して、ユーザーに選択してもらうなどの方法があります。

iPhoneやiPadではデバイスは1つだけなので、デフォルトデバイスを **Metal** から取得する方法でデバイスを取得します。複数接続されているMacであっても、同じ関数でデフォルトデバイスを取得できます。

デフォルトデバイスを取得するには次の関数を使用します。

```
func MTLCreateSystemDefaultDevice() -> MTLDevice?
```

取得したデバイスは **MTKView** の **device** プロパティに設定します。**MetalView** の **make UIView** メソッドでデバイスの設定を行います。次のようにコードを追加してください。

SAMPLE CODE

```
// SampleCode/CHAPTER02/02-04/HelloMetal/MetalView.swift
import SwiftUI
import MetalKit

struct MetalView: UIViewRepresentable {
    typealias UIViewType = MTKView

    func makeUIView(context: Context) -> MTKView {
        let view = MTKView()
        // 次の行を追加する
        view.device = MTLCreateSystemDefaultDevice()
        view.delegate = context.coordinator
        return view
    }
    // 省略
}
// 省略
```

▍▍▍ コマンドキューを作成する

コマンドキューを作成します。18ページの『コマンドキューを作る』で解説した通り、コマンドキューはGPUに送信するコマンドを積むキューです。**Metal** のコマンドキューは **MTLCommandQueue** です。**MTLDevice** の次のメソッドを使って **MTLCommandQueue** のインスタンスを確保します。

```
func makeCommandQueue() -> MTLCommandQueue?
```

▶「Renderer」クラスに「setup」メソッドを追加する

MTLDevice は MTLCreateSystemDefaultDevice() 関数で取得したデバイスを使用します。次のように Renderer.swift にコードを追加してください。

SAMPLE CODE

```
// SampleCode/CHAPTER02/02-05/HelloMetal/Renderer.swift
// 省略
class Renderer: NSObject, MTKViewDelegate {
    let parent: MetalView
    // 次の行を追加する
    var commandQueue: MTLCommandQueue?

    // 省略

    // 次のメソッドを追加する
    func setup(device: MTLDevice) {
        self.commandQueue = device.makeCommandQueue()
    }
}
```

▶「setup」メソッドを実行する

追加した setup メソッドを実行するコードを追加します。追加先はデフォルトデバイスを取得した直後がよいでしょう。次のように MetalView.swift にコードを追加してください。

SAMPLE CODE

```
// SampleCode/CHAPTER02/02-05/HelloMetal/MetalView
// 省略
struct MetalView: UIViewRepresentable {
    typealias UIViewType = MTKView

    func makeUIView(context: Context) -> MTKView {
        let view = MTKView()
        view.device = MTLCreateSystemDefaultDevice()
        view.delegate = context.coordinator

        // 以下の3行を追加する
        if let device = view.device {
            context.coordinator.setup(device: device)
        }

        return view
    }
    // 省略
}
// 省略
```

▌▌▌ コマンドバッファを作成する

描画処理に必要なコマンドバッファを作ります。コマンドバッファは送信するコマンドの内容や情報などを格納するバッファです。描画する度に作って送信します。そのため、描画処理の開始時に作ります。

Metal のコマンドバッファは **MTLCommandBuffer** です。 **MTLCommandQueue** の次のメソッドを使って確保します。

```
func makeCommandBuffer() -> MTLCommandBuffer?
```

Renderer クラスの **draw** メソッドにコードを追加してください。

SAMPLE CODE

```
// SampleCode/CHAPTER02/02-06/HelloMetal/Renderer.swift
// 省略
class Renderer: NSObject, MTKViewDelegate {
    // 省略
    func draw(in view: MTKView) {
        // 以下の3行を追加する
        guard let cmdBuffer = self.commandQueue?.makeCommandBuffer() else {
            return
        }
    }
    // 省略
}
```

▌▌▌ 描画処理のコマンドエンコーダを作成する

GPUに送信された描画コマンドの実行結果はテクスチャと呼ばれるメモリバッファに書き込まれます。テクスチャはGPUから読み書き可能なメモリバッファで、イメージデータを格納します。また、GPUに送信される一連の描画コマンドのことをレンダーパス（Render Pass）と呼びます。

MTKView クラスで使用する描画コマンドのコマンドエンコーダーを作るには、次のような手順を踏みます。

1「MTKView」クラスのレンダーパスデスクリプタを取得する。
2 取得したレンダーパスデスクリプタを指定して、コマンドバッファから描画コマンドエンコーダーを作る。

MTKView クラスは背景色の描画処理など、**MTKView** クラス自身が発行する描画コマンドがあります。その情報を持っているのが**1**のレンダーパスデスクリプタです。**2**でレンダーパスデスクリプタを指定することで、**MTKView** クラスが発行する描画コマンドがコマンドバッファにエンコードされます。**2**で作成したコマンドエンコーダー使って、アプリが発行する描画コマンドをエンコードします。

ここでは、まだ、アプリが発行する描画コマンドはありません。そのため、**1**と**2**の処理を行い、コマンドエンコードを完了します。次のようにコードを **Renderer.swift** に追加してください。

SAMPLE CODE

```swift
// SampleCode/CHAPTER02/02-07/HelloMetal/Renderer.swift
// 省略
class Renderer: NSObject, MTKViewDelegate {
    // 省略
    func draw(in view: MTKView) {
        guard let cmdBuffer = self.commandQueue?.makeCommandBuffer() else {
            return
        }

        // 以下を追加する
        guard let renderPassDesc = view.currentRenderPassDescriptor else {
            return
        }

        guard let encoder = cmdBuffer.makeRenderCommandEncoder(
            descriptor: renderPassDesc) else {
            return
        }

        encoder.endEncoding()
    }
    // 省略
}
```

▶ レンダーパスデスクリプタの取得

レンダーパスデスクリプタを取得するには、**MTKView** クラスの次のプロパティを取得します。

```swift
var currentRenderPassDescriptor: MTLRenderPassDescriptor? { get }
```

▶ 描画コマンドエンコーダーを作る

描画コマンドエンコーダーを作るには、**MTLCommandBuffer** の次のメソッドを使用します。

```swift
func makeRenderCommandEncoder(
    descriptor renderPassDescriptor: MTLRenderPassDescriptor) ->
    MTLRenderCommandEncoder?
```

▶ コマンドのエンコードを完了する

コマンドのエンコードを完了するには、**MTLCommandEncoder** プロトコルの次のメソッドを呼びます。

```swift
func endEncoding()
```

▌▌▌テクスチャをビューに表示する

テクスチャに書き込まれたイメージは自動的にはビューに表示されません。表示可能なテクスチャはドローアブルオブジェクトによって管理されています。ドローアブルオブジェクトのテクスチャはレンダーパスターゲット(レンダーパスの結果格納先のテクスチャ)になっています。このテクスチャをビューに表示させるには、**MTLDrawable** プロトコルの次のメソッドを実行します。

```
func present()
```

しかし、このメソッドを実行するべきタイミングは、コマンドバッファの実行完了直後です。そのため、アプリから直接このメソッドを呼ばずに、コマンドバッファ実行後に自動的に呼ばれるようにスケジュールするようにします。それを行うのが、**MTLCommandBuffer** の次のメソッドです。

```
func present(_ drawable: MTLDrawable)
```

次のようにコードを **Renderer.swift** に追加してください。

SAMPLE CODE

```
// SampleCode/CHAPTER02/02-08/HelloMetal/Renderer.swift
// 省略
class Renderer: NSObject, MTKViewDelegate {
    // 省略
    func draw(in view: MTKView) {
        // 省略
        encoder.endEncoding()

        // 以下の3行を追加する
        if let drawable = view.currentDrawable {
            cmdBuffer.present(drawable)
        }
    }
    // 省略
}
```

▶ドローアブルオブジェクトの取得

ビューに表示するためのドローアブルオブジェクトを取得するには、**MTKView** クラスの次のプロパティを取得します。

```
var currentDrawable: CAMetalDrawable? { get }
```

CAMetalDrawable クラスは **MTLDrawable** プロトコルの適合クラスで、Core Animationのレイヤーに関連付けされたドローアブルオブジェクトです。このドローアブルオブジェクトを使うことで **MTKView** クラスにテクスチャを表示できます。

▥ コマンドバッファを実行する

最後にコマンドバッファをGPUに送信して、コマンドバッファの内容を実行します。コマンド
バッファの内容を送信するには、**MTLCommandBuffer** の次のメソッドを実行します。

```
func commit()
```

次のようにコードを **Renderer.swift** に追加してください。

SAMPLE CODE

```
// SampleCode/CHAPTER02/02-09/HelloMetal/Renderer.swift
// 省略
class Renderer: NSObject, MTKViewDelegate {
    // 省略
    func draw(in view: MTKView) {
        // 省略
        if let drawable = view.currentDrawable {
            cmdBuffer.present(drawable)
        }

        // 以下の1行を追加する
        cmdBuffer.commit()
    }
    // 省略
}
```

この時点で **MTKView** クラスの描画処理が実行されるようになりました。本当に描画でき
ているのか、確かめられるように **MTKView** クラスが描画する背景色を変更しておきましょう。
MetalView.swift に次のようにコードを追加してください。

SAMPLE CODE

```
// SampleCode/CHAPTER02/02-09/HelloMetal/MetalView.swift
// 省略
struct MetalView: UIViewRepresentable {
    typealias UIViewType = MTKView

    func makeUIView(context: Context) -> MTKView {
        let view = MTKView()
        view.device = MTLCreateSystemDefaultDevice()
        view.delegate = context.coordinator
        // 以下の2行を追加する
        view.clearColor = MTLClearColor(
            red: 0.0, green: 1.0, blue: 1.0, alpha: 1.0)

        if let device = view.device {
            context.coordinator.setup(device: device)
        }
```

```
        return view                                                    ▼
    }
    // 省略
}
// 省略
```

▶ MTKViewクラスの背景色

MTKView クラスの背景色は次のプロパティに設定します。

```
var clearColor: MTLClearColor { get set }
```

デフォルトは黒になっています。 **MTLClearColor** 構造体はRGB値で色を格納する構造体です。RGB値は色を、赤・緑・青の「光の三原色」と不透明度で表します。各色のことを「チャンネル」と呼び、は0.0以上1.0以下の少数を指定します。光の三原色のイメージは次の図のようになります。

● 光の三原色

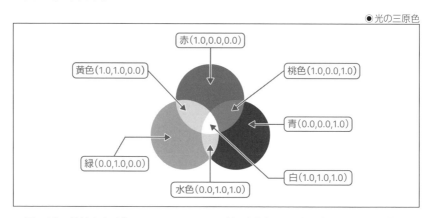

図のように純粋な赤は「R=1.0, G=0.0, B=0.0」となります。この色に純粋な緑が混ざると黄色になります。黄色のRGB値は「R=1.0, G=1.0, B=0.0」となります。赤や黄色といっても、薄い黄色になったり、赤みが強くなったりなど異なる色は無数にあります。この無数の色もRGBの値が0.0から1.0の間で変化させ、合成させることで表現できます。

不透明度を格納するのはアルファチャンネルです。アルファチャンネルが0.0のときは完全な透明、1.0は完全な不透明、中間値は半透明となります。

■ ライブプレビューで実行する

アプリが実行できる状態になりました。Metalは低レイヤーのAPIのため、単純に空のビューを表示するだけでも、ここまでのコードが必要になります。Xcodeのライブプレビューで表示してみましょう。次のように操作します。

❶ 「MetalView.swift」を開きます。

❷ 次のように「Automatic preview updating paused」と表示され、「MetalView」のプレビューが表示されていない場合は、「Resume」ボタンをクリックします。

●「MetalView」のプレビューが表示されていない

❸ プレビューの「Live Preview」ボタンをクリックします。水色のビューが表示されたら成功です。

●ライブプレビューの表示

　「Resume」ボタンを押したタイミングとライブプレビューを開始したタイミングで、ビルドが行われます。初回は少し時間がかかります。プログレスインジケーターが消えるまでしばらく待ってください。

　ライブプレビュー実行前にすでに水色のビューが表示されると思いますが、UIKitのビューはライブプレビュー状態にしないと正しく表示されないことが多いので、UIKitのビューについてはライブプレビューで確認してください。ライブプレビューでも正しく表示できないときには、アプリを実行してシミュレーターや実機で確認してください。

SECTION-007

三角形を描く

　ここまでのコーディングで、デバイスの選択からレンダーパスの実行まで、一連の流れを実装できました。次はアプリ独自の描画処理をMetalを使って実装します。ここでは、三角形をMetalで描画します。

　なぜ三角形を描くのとかというと、シェーダーでの描画処理の基本が三角形だからです。シェーダーの描画処理は三角形ストリップと呼ばれる、隣接する複数の三角形でポリゴンを描画します。プログラミング言語の入門では「Hello World」を書くことが多いですが、シェーダーでは三角形の描画を取り上げることが多いようです。アップル社の公式のサンプルコードでも同様に三角形の描画処理を行っています。著者もシェーダーを使う描画処理で最も単純な形が三角形であると思います。

▌▌レンダーパイプラインについて

　描画処理を行うには、アプリから描画コマンドを発行します。描画コマンドはコマンドバッファに格納されてGPUに送信されます。コマンドバッファには描画コマンドと一緒に次の情報を格納します。

- 頂点座標
- 頂点の色

　GPU上ではレンダーパイプラインがアプリ側から送信された描画コマンドを処理して、レンダーパスターゲットに結果を書き込みます。レンダーパイプラインはいくつかのステージに分かれています。中でも主要な3つのステージが次の図のステージです。

●レンダーパイプラインの主要ステージ

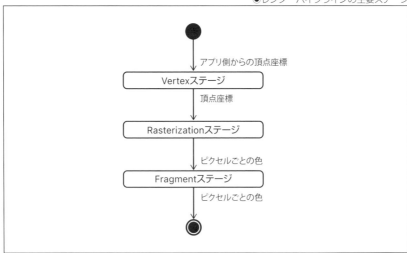

◉レンダーパイプラインのイメージ

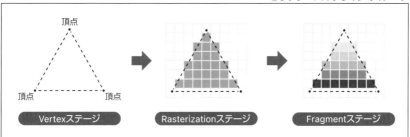

▶ Vertexステージ

Vertex（バーテックス）ステージは頂点の位置を計算するステージです。アプリ側から渡された頂点の座標（アプリ座標系）からデバイス座標系の正規化された座標に変換します。

Vertexステージは、シェーダーにVertex関数を作って実装します。単純な変換だけではなく、シェーダー独自の位置決めを行うこともできます。

デバイスの座標系は2Dの座標系ではなく、3Dの座標系です。中心が(0,0,0)で、値の範囲は-1.0以上1.0以下の少数です。図にすると次のようになります。

◉デバイスの座標系

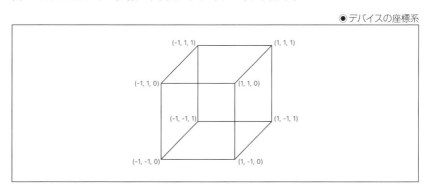

▶ Rasterizationステージ

Rasterization（ラスタライゼーション）ステージは、各ピクセルに描画するステージです。各ピクセルの中心が描画する図形の内側にあるかどうかでピクセルに描画するかどうかを決定します。ラスタライゼーションステージはMetalが行う処理です。

▶ Fragmentステージ

Fragment（フラグメント）ステージは、各ピクセルの色を変更するステージです。Rasterizationステージでラスタライズされ、ピクセルごとの色がすでに計算されています。頂点ごとに色が異なる場合には、グラデーションしながら変化していく中間の色がFragmentステージに渡されます。Fragmentステージの動作はフラグメント関数で変更することができます。Metalが計算した色でよければ、そのまま変更せずに渡された色を出力するようにします。

Fragment関数はRasterizationステージで描画対象になったピクセル（中心が図形内にある）ごとに実行されます。

‖‖‖ レンダーパイプライン状態オブジェクトを作成する

　レンダーパイプラインで実行する描画コマンドの情報を入れるレンダーパイプライン状態オブジェクトを作成します。レンダーパイプライン状態オブジェクトを作成するには、次のような手順を踏みます。

●パイプライン状態オブジェクトの作成

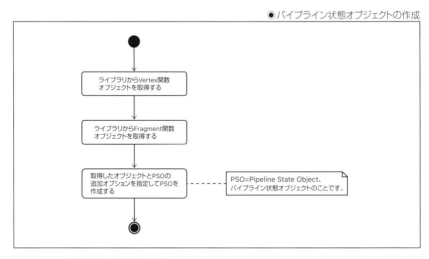

　次のように Renderer.swift にコードを追加してください。

SAMPLE CODE

```
// SampleCode/CHAPTER02/02-10/HelloMetal/Renderer.swift
import Foundation
import MetalKit

class Renderer: NSObject, MTKViewDelegate {
    let parent: MetalView
    var commandQueue: MTLCommandQueue?
    // 次の行を追加する
    var pipelineState: MTLRenderPipelineState?

    // 省略

    // 次のように、引数「view」を追加し、「setupPipelineState」メソッドの
    // 呼び出しを追加する
    func setup(device: MTLDevice, view: MTKView) {
        self.commandQueue = device.makeCommandQueue()
        setupPipelineState(device: device, view: view)
    }

    // このメソッドを追加する
    func setupPipelineState(device: MTLDevice, view: MTKView) {
        guard let library = device.makeDefaultLibrary() else {
```

▼

```
            return
        }

    guard let vertexFunc = library.makeFunction(
            name: "vertexShader"),
        let fragmentFunc = library.makeFunction(
            name: "fragmentShader") else {
            return
        }

    let pipelineStateDesc = MTLRenderPipelineDescriptor()
    pipelineStateDesc.label = "Triangle Pipeline"
    pipelineStateDesc.vertexFunction = vertexFunc
    pipelineStateDesc.fragmentFunction = fragmentFunc
    pipelineStateDesc.colorAttachments[0].pixelFormat =
        view.colorPixelFormat

    do {
        self.pipelineState = try device.makeRenderPipelineState(
            descriptor: pipelineStateDesc)
    } catch let error  {
        print(error)
    }
    }
}
```

　setup メソッドに引数を追加したので、setup メソッドを呼んでいる MetalView のコードも修正します。 MetalView.swift を次のように変更してください。

SAMPLE CODE

```
// SampleCode/CHAPTER02/02-10/HelloMetal/MetalView.swift
// 省略
struct MetalView: UIViewRepresentable {
    typealias UIViewType = MTKView

    func makeUIView(context: Context) -> MTKView {
        let view = MTKView()
        // 省略
        if let device = view.device {
            // 次のように引数「view」を追加する
            context.coordinator.setup(device: device,
                view: view)
        }

        return view
    }
    // 省略
```

```
}
// 省略
```

▶ デフォルトライブラリの取得

　プロジェクトに登録されたシェーダーは、アプリのビルド時に次のような流れでビルドされ、ラ
イブラリが生成され、アプリ内に組み込まれます。アプリ内に組み込まれたライブラリは、アプリ
が起動すると自動的にロードされます。

●シェーダーソースコードのビルド

　自動的にロードされたライブラリは、**MTLDevice** の次のメソッドで取得できます。

```
func makeDefaultLibrary() -> MTLLibrary?
```

▶ シェーダー関数オブジェクトの取得

　シェーダー関数はライブラリに格納されているので、**MTLLibrary** の次のメソッドを使って
関数オブジェクトを取得します。

```
func makeFunction(name functionName: String) -> MTLFunction?
```

　サンプルコードで指定している **vertexShader** と **fragmentShader** は、これから実装
するシェーダー関数です。この時点では実装していないので、このサンプルコードを実行する
と **makeFunction** は **nil** を返します。

▶ レンダーパイプライン状態オブジェクトの作成

　レンダーパイプライン状態オブジェクトを作成するには、作成するオブジェクトの情報を MTL
RenderPipelineDescriptor に設定し、**MTLDevice** の次のメソッドを呼びます。

```
func makeRenderPipelineState(
    descriptor: MTLRenderPipelineDescriptor) throws
    -> MTLRenderPipelineState
```

　引数 **descriptor** の設定内容によっては作成できない場合があります。エラー発生時は
例外が投げられます。

　MTLRenderPipelineDescriptor には次ページの表の情報を設定します。

プロパティ	説明
label	ラベル。動作には影響ないがデバッグ時に便利
vertexFunction	Vertexステージで実行する関数を指定する
fragmentFunction	Fragmentステージで実行する関数を指定する
colorAttachments[0].pixelFormat	レンダーパスターゲットのピクセル形式。「MTKView」から取得する

ビューポートを設定する

座標変換とクリッピングの計算に必要なビューポートの設定を行います。ここでは次の図のように、デバイス座標系で(-1, -1)から(1, 1)の範囲がビュー全体になるように設定します。

◉ビューポートの設定イメージ

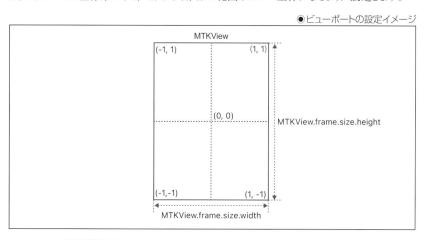

次のように **Renderer.swift** にコードを追加してください。

SAMPLE CODE

```
// SampleCode/CHAPTER02/02-11/HelloMetal/Renderer.swift
// 省略
class Renderer: NSObject, MTKViewDelegate {
    let parent: MetalView
    var commandQueue: MTLCommandQueue?
    var pipelineState: MTLRenderPipelineState?
    // 次の行を追加する
    var viewportSize: CGSize = CGSize()

    // 省略

    func mtkView(_ view: MTKView, drawableSizeWillChange size: CGSize) {
        // 次の行を追加する
        self.viewportSize = size
    }

    func draw(in view: MTKView) {
```

```
    guard let cmdBuffer = self.commandQueue?.makeCommandBuffer() else {
        return
    }

    guard let renderPassDesc = view.currentRenderPassDescriptor else {
        return
    }

    guard let encoder = cmdBuffer.makeRenderCommandEncoder(
        descriptor: renderPassDesc) else {
        return
    }

    // 次の4行を追加する
    encoder.setViewport(MTLViewport(originX: 0, originY: 0,
                                width: Double(self.viewportSize.width),
                                height: Double(self.viewportSize.height),
                                znear: 0.0, zfar: 1.0))

    encoder.endEncoding()

    // 省略
    }

    // 省略
}
```

▶ 設定するサイズの取得

　正確にはビューポートに設定するサイズは、ドローアブルのサイズです。ドローアブルのサイズが変わると、**MTKViewDelegate** プロトコルの次のメソッドが呼ばれます。

```
func mtkView(_ view: MTKView, drawableSizeWillChange size: CGSize)
```

　ビューポートをMetalに設定する処理は、描画コマンドの1つなので、このメソッドでは渡されたサイズをプロパティに覚えておくだけです。

▶ Metalにビューポートを設定する

　Metalにビューポートを設定するには、**MTLRenderCommandEncoder** の次のメソッドを使用します。

```
func setViewport(_ viewport: MTLViewport)
```

　引数に渡す **viewport** に設定するサイズをセットします。サンプルコードではドローアブル全体のサイズを指定しています。同時に手前がZ座標の0.0、奥がZ座標の1.0を設定しています。Metalの座標系は43ページの図『デバイスの座標系』のように3次元の座標系です。そのため、ビューポートはZ座標も必要となります。

III シェーダーと共有する定義

シェーダーとアプリは、定数や構造体など、共有する情報があります。この2つで食い違いが起きると正しく動作しません。そこで、一般的には共通のヘッダファイルを定義して、シェーダーとアプリの両方からそのヘッダファイルを参照して使用します。

▶ 「ShaderTypes.h」ファイルの追加

次のように操作して、空のヘッダファイルを追加してください。

❶ 「File」メニューの「New」→「File」を選択します。

❷ 「Header File」を選択して、「Next」ボタンをクリックします。

◉「Header File」の選択

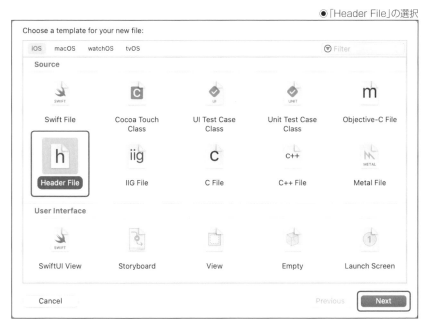

❸ 「ShaderTypes」という名前を入力して「Create」ボタンをクリックします。「ShaderTypes.h」が追加されます。

▶ ブリッジヘッダファイルの追加

さらに、Swift側で使用できるようにブリッジヘッダファイルを追加します。 `ShaderTypes.h` を追加したのと同じ手順で `HelloMetal-Bridging-Header.h` を追加してください。追加後、次のように操作してブリッジヘッダファイルを使用するように設定してください。

❶ プロジェクトナビゲータで「HelloMetal」プロジェクトを選択します。プロジェクトの設定が表示されます。

● プロジェクトの設定画面

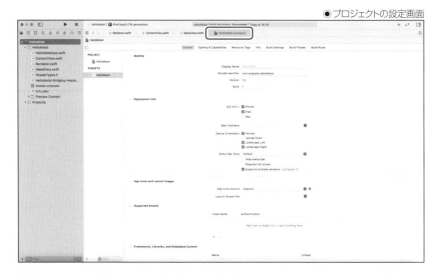

❷ 「TARGETS」の「HelloMetal」を選択し（手順❶のスクリーンキャプチャのように選択されて
いる場合は不要です）、「Build Settings」タブをクリックして表示します。

● Build Settings

❸ 「Swift Compiler - General」の「Objective-C Bridging Header」に「$(SRCROOT)/Hello
Metal/HelloMetal-Bridging-Header.h」と入力します。スクリーンキャプチャのように検索
ボックスに「brid」などと入力すると、見つけやすいです。

● ブリッジヘッダーの指定

次に、`HelloMetal-Bridging-Header.h` から `ShaderTypes.h` をインクルードするように、`HelloMetal-Bridging-Header.h` を次のように編集します。

SAMPLE CODE

```
// SampleCode/CHAPTER02/02-12/HelloMetal/HelloMetal-Bridging-Header.h
#ifndef HelloMetal_Bridging_Header_h
#define HelloMetal_Bridging_Header_h

#include "ShaderTypes.h"

#endif /* HelloMetal_Bridging_Header_h */
```

▶ 共有する定数を定義する

シェーダーと共有したい情報は、次の2つです。

● Vertex関数に渡すバッファの構造体

● Vertex関数に渡すバッファのインデックス

この時点ではよくわからない定義だと思います。52ページの『描画コマンドを発行する』と56ページの『シェーダーを追加する』の実装が終わった後にもう一度確認してみてください。

`ShaderTypes.h` ファイルを次のように編集してください。

SAMPLE CODE

```
// SampleCode/CHAPTER02/02-12/HelloMetal/ShaderTypes.h
#ifndef SHADER_TYPES_H
#define SHADER_TYPES_H

#include <simd/simd.h>

enum
```

```
{
    kShaderVertexInputIndexVertices      = 0,
    kShaderVertexInputIndexViewportSize  = 1,
};


typedef struct
{
    vector_float2 position;
    vector_float4 color;

} ShaderVertex;

#endif /* SHADER_TYPES_H */
```

simd はベクトル演算や行列計算を行うためのもので、Appleプラットフォーム上では **Accelerate** フレームワークが提供されています。 vector_float2 や vector_float4 は simd が定義している型で、名前から想像できる通り、複数の float を持つ型です。

position はX座標とY座標の2つの値を持つので vector_float2 、color はRGBA の4つの値を持つので vector_float4 を使っています。

これらの型を使用するには、simd/simd.h をインクルードする必要があります。

▌▌▌描画コマンドを発行する

ここまで長かったと感じると思いますが、ついに描画コマンドの発行にたどり着きました。このサンプルアプリでは三角形を描画します。

次のように Renderer.swift にコードを追加してください。

SAMPLE CODE

```swift
// SampleCode/CHAPTER02/02-13/HelloMetal/Renderer.swift
import Foundation
import MetalKit

class Renderer: NSObject, MTKViewDelegate {
    // 省略
    // 次のプロパティを追加する
    var vertices: [ShaderVertex] = [ShaderVertex]()

    // 省略

    func mtkView(_ view: MTKView, drawableSizeWillChange size: CGSize) {
        self.viewportSize = size

        // 次のようにコードを追加する
        // 三角形の頂点の座標を計算する
        let wh = Float(min(size.width, size.height))
        self.vertices = [ShaderVertex(position: vector_float2(0.0, wh / 4.0),
```

```
                                    color: vector_float4(1.0, 0.0, 0.0, 1.0)),
                    ShaderVertex(position: vector_float2(-wh / 4.0, -wh / 4.0),
                                 color: vector_float4(0.0, 1.0, 0.0, 1.0)),
                    ShaderVertex(position: vector_float2(wh / 4.0, -wh / 4.0),
                                 color: vector_float4(0.0, 0.0, 1.0, 1.0))]
    }


    func draw(in view: MTKView) {
        // 省略
        encoder.setViewport(MTLViewport(originX: 0, originY: 0,
                                        width: Double(self.viewportSize.width),
                                        height: Double(self.viewportSize.height),
                                        znear: 0.0, zfar: 1.0))

        // 以下の様に「drawPrimitives」メソッドを呼ぶまでのコードを追加する
        if let pipeline = self.pipelineState {
            // パイプライン状態オブジェクトを設定する
            encoder.setRenderPipelineState(pipeline)

            // Vertex関数に渡す引数を設定する
            encoder.setVertexBytes(self.vertices,
                            length: MemoryLayout<ShaderVertex>.size *
                                self.vertices.count,
                            index: kShaderVertexInputIndexVertices)

            var vpSize = vector_float2(Float(self.viewportSize.width / 2.0),
                                Float(self.viewportSize.height / 2.0))
            encoder.setVertexBytes(&vpSize,
                            length: MemoryLayout<vector_float2>.size,
                            index: kShaderVertexInputIndexViewportSize)

            // 三角形を描画する
            encoder.drawPrimitives(type: .triangle,
                            vertexStart: 0, vertexCount: 3)
        }

        encoder.endEncoding()

        if let drawable = view.currentDrawable {
            cmdBuffer.present(drawable)
        }

        cmdBuffer.commit()
    }

    // 省略
}
```

▶描画する三角形の頂点の座標計算

描画する三角形の頂点の座標は、プロパティ **vertices** に代入しています。中心が(0,0)、幅と高さは **MTKView** のドローアブルのサイズという座標系での座標を格納しています。その座標系で幅と高さの短い方の長さをもとに座標を決定しています。図にすると次のようになります。

●アプリ内の座標系と三角形の頂点座標

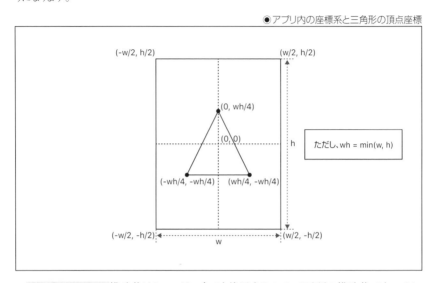

ShaderVertex 構造体はシェーダー内でも使用するので、C言語の構造体です。ブリッジヘッダーで読み込んでいるので、Swiftからも使用可能になっています。

▶パイプライン状態オブジェクトの設定

パイプライン状態オブジェクトを設定するには、**MTLRenderCommandEncoder** の次のメソッドを使用します。

```
func setRenderPipelineState(_ pipelineState: MTLRenderPipelineState)
```

この設定によって、パイプライン状態オブジェクト作成時に指定したVertex関数とFragment関数がそれぞれVertexステージ、Fragmentステージで実行されるようになります。さらに、Vertex関数に渡される頂点情報を設定します。設定するには、**MTLRenderCommandEncoder** の次のメソッドを使用します。

```
func setVertexBytes(_ bytes: UnsafeRawPointer, length: Int, index: Int)
```

GPUにデータが渡されるときに引数テーブルというものが使用されます。この引数テーブルのどこにデータを格納するかというのを示すのが **index** です。この値はシェーダー側と同じ値を使用する必要があるので注意してください。GPUからも引数テーブルのインデックスでデータを参照します。

また、MetalではGPUとデータを受け渡すときにデータを格納するメモリバッファには種類があります。 **setVertexBytes** メソッドはMetal側が管理するメモリバッファを使用します。このメソッドで使用するメモリバッファは小さなデータをコピーする目的で設計されており、4KB以下のデータに使用してください。

●引数テーブルのイメージ

```
          インデックス           メモリバッファ

              0        頂点の座標と色
              1        ビューポートサイズ
              2
              3
              4
                            ·
                            ·
                            ·
```

▶ プリミティブの描画コマンドの発行

プリミティブの描画コマンドを発行するには、**MTLRenderCommandEncoder** の次のメソッドを使用します。

```
func drawPrimitives(type primitiveType: MTLPrimitiveType,
    vertexStart: Int, vertexCount: Int)
```

引数 **primitiveType** には描画するプリミティブの種類を指定します。三角形は **MTLPrimitiveType.triangle** です。この三角形の描画に使用する頂点は **setVertexBytes** で設定した頂点配列のインデックス0からの3つです。それぞれ、**vertexStart** と **vertexCount** に指定します。

これでアプリ側のコード実装は完了です。次の項目でGPU上で実行されるシェーダーの実装を行ったら完成です。

▎シェーダーを追加する

Vertex関数とFragment関数を実装します。MetalのシェーダーはMSL（Metal Shading Language）で書きます。次のように操作してシェーダーのソースコードファイルを追加します。

❶ Xcodeで「File」メニューから「New」→「File」を選択します。

❷ 「Source」の「Metal File」を選択して、「Next」ボタンをクリックします。

●「Metal File」を選択する

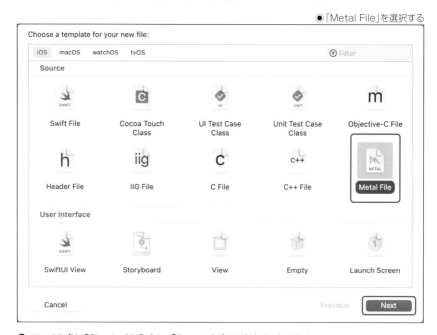

❸ ファイル名に「Shader」と入力し、「Create」ボタンをクリックします。

▎Vertex関数を実装する

Vertex関数を実装します。Vertex関数では、アプリ側から渡される頂点座標はアプリ内の座標系の値です。これをデバイス座標系の座標に変換する処理を行います。次のように Shader.metal を編集してください。

SAMPLE CODE

```
// SampleCode/CHAPTER02/02-14/HelloMetal/Shader.metal
#include <metal_stdlib>
#include "ShaderTypes.h"

// Vertex関数が出力するデータの型定義
typedef struct {
    // 座標
    float4 position [[position]];

    // 色
```

```
        float4 color;                                        ▼

} RasterizerData;

vertex RasterizerData vertexShader(
    uint vertexID [[vertex_id]],
    constant ShaderVertex *vertices
        [[buffer(kShaderVertexInputIndexVertices)]],
    constant vector_float2 *viewportSize
        [[buffer(kShaderVertexInputIndexViewportSize)]])
{
    RasterizerData result = {};
    result.position = float4(0.0, 0.0, 0.0, 1.0);
    result.position.xy = vertices[vertexID].position / (*viewportSize);
    result.color = vertices[vertexID].color;
    return result;
}
```

▶ Vertex関数の形式

Vertex関数は次のような形式で定義します。

```
vertex 戻り値の型 vertexFunction(
    uint vertexID [[vertex_id]],
    引数1の型 引数1 [[buffer(index)]], ....)
```

最初に書かれている「vertex」は、この関数がVertex関数だということを定義しています。
関数名はC言語の関数と同じで任意の名前を使用可能です。この名前で関数オブジェクト
を取得します。44ページの『レンダーパイプライン状態オブジェクトを作成する』のコードで指
定した名前です。

▶ vertexID

最初の引数は、どの頂点に対して実行しているのかを示すインデックスです。52ページの
『描画コマンドを発行する』の次のコードを思い起こしてください。

```
// 三角形を描画する
encoder.drawPrimitives(type: .triangle,
                       vertexStart: 0, vertexCount: 3)
```

この **drawPrimitives** の呼び出しによって、**vertexShader** は3回呼ばれます。 **vertex
ID** は 0 , 1 , 2 と変化します。この3回の呼び出しが同時に並列実行されるかどうかは実行
するGPUとMetal次第です。シェーダー側は並列実行される前提でコードを実装します。つま
り、**vertexID** で指定された頂点だけを処理するようにします。

引数 **vertexID** には、**vertex_id** というアトリビュートが付けられています。このアトリ
ビュートによって、この引数が頂点IDをであることを示しています。また、頂点IDを入れる引
数の型は **uint** または **ushort** を使う必要があります。

▶ バッファ引数

2番目と3番目の引数はアプリ側から指定したバッファです。52ページの『描画コマンドを発行する』の次のコードで指定したバッファが渡されます。

```
// Vertex関数に渡す引数を設定する
encoder.setVertexBytes(self.vertices,
                       length: MemoryLayout<ShaderVertex>.size *
                           self.vertices.count,
                       index: kShaderVertexInputIndexVertices)

var vpSize = vector_float2(Float(self.viewportSize.width / 2.0),
                          Float(self.viewportSize.height / 2.0))
encoder.setVertexBytes(&vpSize,
                       length: MemoryLayout<vector_float2>.size,
                       index: kShaderVertexInputIndexViewportSize)
```

引数の型はアプリ側と同じものである必要があります。無理なく同じものを使用するコードになるように、**ShaderTypes.h** に定義して、アプリとシェーダーで同じ構造体を使用しています。

引数には **buffer(index)** というアトリビュートが書かれています。このアトリビュートは引数テーブルのインデックスを指定するためのものです。 **index** には、**setVertexBytes** メソッドの引数 **index** に指定した値を書きます。この値も **ShaderTypes.h** で定数を定義し、アプリとシェーダーで同じ値を使うようにしています。

▶ Vertex関数の戻り値

Vertex関数の戻り値の型はシェーダ内で定義しています。ここでは次のように座標と色を持った構造体を定義しています。

```
// Vertex関数が出力するデータの型定義
typedef struct {
    // 座標
    float4 position [[position]];

    // 色
    float4 color;

} RasterizerData;
```

Vertex関数の目的は頂点の位置決めです。戻り値の型の中でどれが座標なのかを指定するのが **position** アトリビュートです。 **position** アトリビュートを指定するメンバーの型は **float4** を使う必要があります。

▶ 座標変換

座標変換は単純です。引数 **viewportSize** に、ドローアブルの幅と高さの半分の値が入っています。アプリ側から渡された座標の座標系と、デバイスの座標系の座標の範囲は次の表のようになります。

軸	アプリ座標系の値の範囲	デバイス座標系の値の範囲
X(水平方向)	-(ドローアブルの幅/2)以上、 (ドローアブルの幅/2)以下	-1.0以上、1.0以下
Y(垂直方向)	-(ドローアブルの高さ/2)以上、 (ドローアブルの高さ/2)以下	-1.0以上、1.0以下

座標変換は、アプリ側の座標をドローアブルサイズ/2で割り算するだけです。そのため、次のようなコードになります。

```
result.position = float4(0.0, 0.0, 0.0, 1.0);
result.position.xy = vertices[vertexID].position / (*viewportSize);
```

ベクトル形式なので、上記のコードでX座標とY座標のどちらも同時に計算しています。

Fragment関数を実装する

Fragment関数を実装します。Fragment関数ではVertexステージとRastarizationステージを通ってきたピクセルデータを加工します。次のように **fragmentShader** 関数を **Shader.metal** に追加してください。

SAMPLE CODE

```
// SampleCode/CHAPTER02/02-15/HelloMetal/Shader.metal
// 省略
fragment float4 fragmentShader(RasterizerData in [[stage_in]])
{
    return metal::floor(in.color * 5.0) / 5.0;
}
```

Fragment関数は頂点だけではなく、Rasterizationステージで計算された色が着くピクセルすべてに対して呼ばれます。Fragment関数も呼び出された1ピクセルのみについて処理を行います。

▶ 数学関数について

Metal標準ライブラリには数学関数が組み込まれており、シェーダーの中で数学関数を使うことができます。 **floor** は小数点以下を切り捨てる関数です。

Metal標準ライブラリを使用するには、次のように **<metal_stdlib>** をインクルードします。

```
#include <metal_stdlib>
```

▶ 色の計算

Fragment関数に渡されるピクセルデータは、頂点だけではありません。頂点以外のピクセルの色はMetalによって計算されています。頂点から別の頂点までグラデーションしながら変化するように補間された値になっています。

ここでは色を5段階で変化するように値を変えています。

　5倍して、小数点以下を切り捨て、5で割ると、5段階に変化するというのがイメージしにくいかもしれません。次の表を見てください。10段階で変化する値を5段階で変化するように `fragmentShader` の計算を使ったときの値の変化です。

X	A=X*5.0	B=floor(A)	C=B/5.0
0.0	0.0	0.0	0.0
0.1	0.5	0.0	0.0
0.2	1.0	1.0	0.2
0.3	1.5	1.0	0.2
0.4	2.0	2.0	0.4
0.5	2.5	2.0	0.4
0.6	3.0	3.0	0.6
0.7	3.5	3.0	0.6
0.8	4.0	4.0	0.8
0.9	4.5	4.0	0.8
1.0	5.0	5.0	1.0

　このコードをたとえば、次のように変更すると滑らかなグラデーションを見ることもできます。

```
fragment float4 fragmentShader(RasterizerData in [[stage_in]])
{
    return in.color;
}
```

　シェーダー側の実装もこれで完成です。

■ ライブプレビューで実行する

　アプリとシェーダーともに完成しました。`MetalView.swift` を開き、ライブプレビューで三角形が描画されることを確認しましょう。

●ライブプレビュー

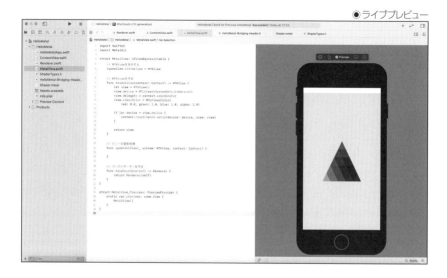

CHAPTER 03

GPGPU

GPUを計算処理に使う

MetalはGPUを描画処理だけではなく、計算処理にも使うことができます。この章ではMetalを使い、GPUで計算処理を行う方法について解説します。

||| GPGPUとは

GPGPUという言葉をご存知でしょうか? GPGPUは「General Purpose Computing on Graphics Processing Units」の略です。「General Purpose Graphics Processing Unit」の略といわれることもあります。単純にこの言葉を日本語に翻訳すると、「一般的な目的の計算をGPU（グラフィック演算装置）上で行う」となります。

この言葉から想像できる通り、GPGPUは計算処理をGPUを使って行うことです。GPUにはたくさんのシェーダープロセッサがあり、膨大な数の計算処理を並行して行えるので、これを時間がかかる計算に利用して、高速に計算を行わせようということです。

||| GPGPUに向いている計算と向かない計算

CPUよりも高速に処理できるとはいっても、どのような計算でもというわけではありません。GPUに向いている計算と向いていない計算があり、向いていない計算を無理にGPUに行わせようとすれば、CPUでやった方が速いという結果になってしまいます。コードもGPUの方が複雑で長いコードになり、その上、遅いとなれば、本末転倒です。

▶ 並列に実行可能な計算

GPUに向いている計算とは、同じことを繰り返し行い、各計算は他の計算結果を利用せず、並列して、順番も関係なく実行できるような計算処理です。CHAPTER 02のサンプルコードの `fragmentShader` で行った色を変更するような処理です。`fragmentShader` の処理は、色が乗るピクセルすべてに対して実行されます。大きな画像になれば、莫大な数のピクセル数になるでしょう。しかし、個々のピクセルに対する処理は同じで、他のピクセルの情報は必要なく、並列して処理が可能です。

●4つの処理を並列実行しているときのイメージ

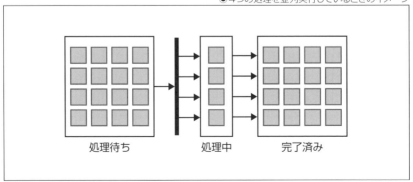

処理待ち　　　　処理中　　　　完了済み

▶ 同期が必要になる計算

逆にGPUに向いていない計算とは、並列して実行される他の部分の計算結果を必要とする計算や同期を必要とする計算です。たとえば、数列があり、出現する値の個数を数えるような処理は向いていません。仮に、この処理を行うために出現した値とその個数を記録するテーブルを用意したとします。並列して値を見ることは可能ですが、このテーブルに記録する個数を加算するところで、並列する他の処理が同時に書き込まないように同期を取る必要があります。シェーダーで行う処理が単純で短く、並列数が増えるとこの同期処理がボトルネックになってしまいます。

●同期によるボトルネックのイメージ

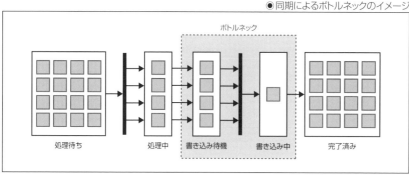

▶ 同期回数を減らす

この向いていない計算を改善することはできます。たとえば、数列が大きい場合、その数列をいくつかの数列に分割します。並列処理の1つのスレッドは、分割した数列を1つ処理するようにします。数列内のデータを並列処理させることは難しくても、分割した数列ごとの情報は独立させることができます。最後に、独立している各数列の結果を結合させます。

●データを分割して並列化させるイメージ

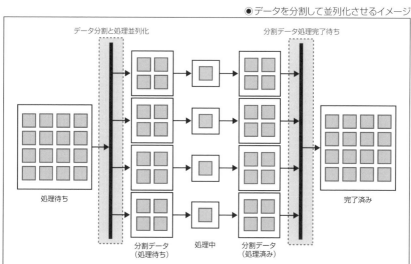

▶単純すぎる計算

あまりに単純な計算の場合はGPUによる恩恵が得られないことがあります。GPUで計算させるには、GPU上にいったんデータをコピーしたり、コマンドバッファを作ったり、パイプライン状態オブジェクトを作成・設定したりなど、いろいろな処理が必要になります。それらの処理に必要な時間よりも短い時間で処理できてしまうような計算はCPUで行った方がよいでしょう。特に、メモリバッファのコピーはボトルネックになりやすい処理です。

●単純過ぎる処理の並列化が逆効果になったイメージ

コンピュートパスを使ったアプリの実装

　この章ではコンピュートパスを使ったアプリの実装方法を解説します。CHAPTER 02と同様にサンプルアプリを実装しながら進めたいと思います。

　ここで作成するサンプルアプリは九九の表を作るアプリです。前ページの『単純すぎる計算』に該当するアプリなので、パフォーマンスという側面からはGPUを使った処理に向かない処理です。しかし、並列処理で計算を行えるので、コンピュートパスの使い方を見るという側面から見ると、小さめでわかりやすい構造になると思います。

▌▌▌ プロジェクトを作成する

　アプリの実装の最初はプロジェクト作成です。ここでもSwiftUIを使ったアプリのプロジェクトを作ります。27ページの『iOSアプリのプロジェクトの作成』と同様に操作してプロジェクトを作成してください。プロジェクトのオプションは次の表のように設定してください。

項目	入力/選択する値
Product Name	HelloCompute
Team	自分の所属チーム。「None」の場合はシミュレーターのみで実行可能
Organization Identifier	com.example
Interface	SwiftUI
Life Cycle	SwiftUI App
Language	Swift
Use Core Data	OFF
Include Tests	OFF

●プロジェクトオプション

Choose options for your new project:

Product Name:	HelloCompute
Team:	None
Organization Identifier:	com.example
Bundle Identifier:	com.example.HelloCompute
Interface:	SwiftUI
Life Cycle:	SwiftUI App
Language:	Swift

☐ Use Core Data
　　Host in CloudKit
☐ Include Tests

Cancel　　　　　　　Previous　　Next

九九の表のセルを作る

サンプルアプリのGUIを実装します。完成形は次のような九九の表を表示できるようにします。

● サンプルアプリの完成画面

まずは、九九の表のセルから作ります。次のように操作して、**KukuCellView** という名前
のSwiftUIのビューを追加してください。

❶ 「File」メニューから「New」→「File」を選択します。

❷ 「SwiftUI View」を選択し、「Next」ボタンをクリックします。

● 「SwiftUI View」の選択

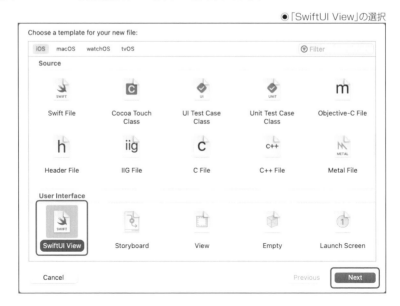

❸ ファイル名に「KukuCellView」と入力し、「Create」ボタンをクリックします。

●ファイル名の入力

KukuCellView は九九の表の1マスを表示するためのビューです。中央に数値を表示し、四角で囲みます。後でコンピュートパスで計算した値を入力できるようにするため、表示する値は外部から設定できるようにします。次のようにコードを編集してください。

SAMPLE CODE

```
// SampleCode/CHAPTER03/03-01/HelloCompute/KukuCellView.swift
import SwiftUI

struct KukuCellView: View {
    // 表示する値
    var value: Int32

    var body: some View {
        ZStack {
            Text("\(self.value)")
                .frame(width: 23,
                       height: 25,
                       alignment:.center)
                .padding(4)
                .background(GeometryReader { geometry in
                    Path { path in
                        let x: CGFloat = -4.0
                        let w = geometry.size.width + 8
                        let h = geometry.size.height
```

▼

67

```
                        let rt = CGRect(x: x,
                                        y: 0,
                                        width: w,
                                        height: h)
                        path.addRect(rt)
                    }
                    .stroke(lineWidth: 1)
                    .foregroundColor(Color(red: 0.8,
                                           green: 0.8,
                                           blue: 0.8))
            })
        }
    }
}

struct KukuCellView_Previews: PreviewProvider {
    static var previews: some View {
        KukuCellView(value: 99)
    }
}
```

KukuCellView では次のような処理を行っています。
- 「value」プロパティの値を「Text」を使って表示する。
- 表示する文字列の長さによって「Text」の大きさが変わらないようにするため、「frame」モディファイアで大きさを固定し、中央揃えで表示する。
- 「padding」モディファイアで「Text」の周囲に余白を作る。
- 「background」モディファイアで背景に「GeometryReader」を配置し、「GeometryReader」内に「Path」を使って四角い枠を描画する。

◉「KukuCellView」のライブプレビュー

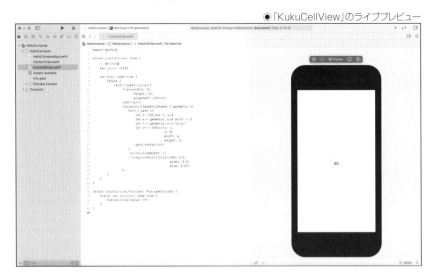

九九の表の段を作る

九九の表の段を作ります。段は KukuCellView を9つ並べて作ります。66ページの『九九の表のセルを作る』と同様に操作して、KukuRowView という名前のSwiftUIのビューを追加してください。コードは次のように編集してください。

SAMPLE CODE

```
// SampleCode/CHAPTER03/03-02/HelloCompute/KukuRowView.swift
import SwiftUI

struct KukuRowView: View {
    // 表示する値の配列
    var rowValues: [Int32]

    var body: some View {
        HStack {
            ForEach(rowValues, id: \.self) { value in
                KukuCellView(value: value)
            }
        }
    }
}

struct KukuRowView_Previews: PreviewProvider {
    static var previews: some View {
        KukuRowView(rowValues: [1, 2, 3, 4, 5, 6, 7, 8, 9])
    }
}
```

KukuRowView では次のような処理を行っています。

- 「rowValues」プロパティの要素の個数分の「KukuCellView」を作成する。
- 「KukuCellView」に「rowValues」プロパティの要素を表示する。
- 作成した「KukuCellView」を「HStack」を使って水平方向に並べる。

●「KukuRowView」のライブプレビュー

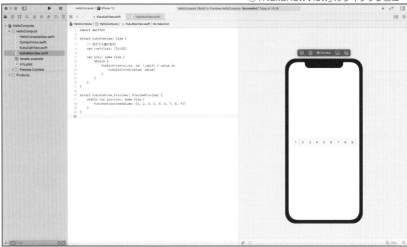

ライブプレビューですが、このビューのプレビューをデフォルトで選択されている「iPod touch (7th generation)」ではプレビューからはみ出てしまうので、「iPhone 12」に変更しています。

▌▌▌九九の表を作る

　九九の表の段を垂直方向に9つ並べて九九の表を表示するビューを作ります。66ページの『九九の表のセルを作る』と同様に操作して、**KukuTableView** という名前のSwiftUIのビューを追加してください。コードは次のように編集してください。

SAMPLE CODE

```
// SampleCode/CHAPTER03/03-03/HelloCompute/KukuTableView.swift
import SwiftUI

struct KukuTableView: View {
    // 段ごとの値の配列の配列
    let rowValuesArray: [[Int32]]

    var body: some View {
        VStack {
            ForEach(rowValuesArray, id: \.self) { rowValues in
                KukuRowView(rowValues: rowValues)
            }
        }
    }
}


struct KukuTableView_Previews: PreviewProvider {
    static var previews: some View {
        KukuTableView(rowValuesArray: [
```

▼

```
        [1, 2, 3, 4, 5, 6, 7, 8, 9],
        [1, 2, 3, 4, 5, 6, 7, 8, 9],
        [1, 2, 3, 4, 5, 6, 7, 8, 9],
        [1, 2, 3, 4, 5, 6, 7, 8, 9],
        [1, 2, 3, 4, 5, 6, 7, 8, 9],
        [1, 2, 3, 4, 5, 6, 7, 8, 9],
        [1, 2, 3, 4, 5, 6, 7, 8, 9],
        [1, 2, 3, 4, 5, 6, 7, 8, 9],
        [1, 2, 3, 4, 5, 6, 7, 8, 9]
    ])
  }
}
```

`KukuTableView` は次のようなことを行っています。

● 「rowValues」プロパティの要素の個数分の「KukuCellView」を作成する。

● 「KukuCellView」に「rowValues」プロパティの要素を表示する。

● 作成した「KukuCellView」を「HStack」を使って水平方向に並べる。

● 「KukuTableView」のライブプレビュー

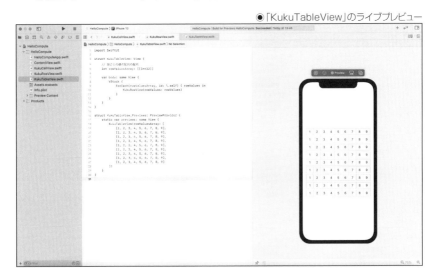

■ 九九の表と「Run Compute Pass」ボタンを配置する

アプリが起動して最初に表示される `ContentView` に `KukuTableView` を配置して、アプリで九九の表を表示できるようにします。また、九九の表に表示する値はコンピュートパスで計算させるので、初期値は0を入れておき、計算を開始するためのボタンの配置も行います。

`ContentView.swift` を次のように編集してください。

SAMPLE CODE

```
// SampleCode/CHAPTER03/03-04/HelloCompute/ContentView.swift

import SwiftUI
```

03
G
P
G
P
U

```swift
struct ContentView: View {
    // 九九の表に表示する値。初期値は0で埋めておく
    @State var rowValuesArray = [[Int32]](
        repeating: [Int32](repeating: 0, count: 9), count: 9)

    var body: some View {
        VStack {
            KukuTableView(rowValuesArray: rowValuesArray)
                .padding(.bottom)
            Button(action: {

            }) {
                Text("Run Compute Pass")
            }
        }
    }
}

struct ContentView_Previews: PreviewProvider {
    static var previews: some View {
        ContentView()
    }
}
```

ContentView は次のようなことを行っています。

- 「VStack」を使い、「KukuTableView」と「Button」を垂直方向に並べる。
- 「rowValuesArray」プロパティの値を「KukuTableView」に表示する。
- 「rowValuesArray」プロパティの初期値を0で埋める。

◉「ContentView」のライブプレビュー

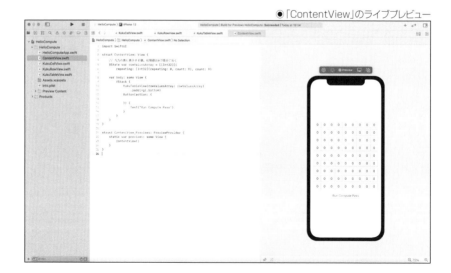

||| 「Compute」クラスを追加する

CHAPTER 02では **Renderer** クラスを作成し、Metalを使った描画処理を実装しました。この章では **Compute** クラスを作成し、Metalを使った計算処理を実装していきましょう。プロジェクトに **Compute.swift** ファイルを新規作成して追加してください。追加したファイルには、次のようなコードを入力してください。

SAMPLE CODE

```
// SampleCode/CHAPTER03/03-05/HelloCompute/Compute.swift
import Foundation
import Metal


class Compute {

}
```

▶ import Metal

CHAPTER 02では **MetalKit** を使いましたが、CHAPTER 03では計算処理用に **Metal** を使用し、**MTKView** などの **MetalKit** のクラスは使用しません。そのため、**MetalKit** モジュールではなく、**Metal** モジュールを import しています。

||| コマンドバッファの作成処理までを実装する

CHAPTER 02の **Renderer** クラスと同様に **Compute** クラスにコマンドバッファの作成処理までの一連の処理を実装します。

- デバイスの取得
- コマンドキューの作成
- コマンドバッファの作成

コードも **Renderer** クラスとほぼ同じです。**Compute.swift** に次のようにコードを追加してください。

SAMPLE CODE

```
// SampleCode/CHAPTER03/03-06/HelloCompute/Compute.swift
import Foundation
import Metal

class Compute {
    var device: MTLDevice? = nil
    var cmdQueue: MTLCommandQueue? = nil

    init() {
        // 初期化処理。デバイスの作成とコマンドキューを作る
        if let device = MTLCreateSystemDefaultDevice() {
            self.device = device
```

```
            self.cmdQueue = device.makeCommandQueue()
        }
    }

    /// 計算を行う
    func executeCalc(
        completion: @escaping ((_ rowValuesArray: [[Int32]]?) -> ())) {
        let cmdBuffer = self.cmdQueue?.makeCommandBuffer()
    }
}
```

▶「executeCalc」メソッド

　executeCalc メソッドは ContentView に配置した Run Compute Pass ボタンから実行されることを想定したメソッドです。コンピュートパスを使って九九の計算を行うメソッドです。この時点ではまだコマンドバッファを作っているだけです。この後の項目でコンピュートパスの実行処理を実装します。

　executeCalc メソッドに渡される completion は、計算完了後に実行する処理です。計算処理は非同期で実行されるので、呼び出し側から完了後に実行する処理を渡すようにします。

▌▌▌計算処理用のコマンドエンコーダーを作成する

　コンピュートパスをエンコードするためには、コンピュートコマンドエンコーダーを使用します。コンピュートコマンドエンコーダーは、コマンドバッファに計算処理用のコマンドをエンコードします。次のように Compute.swift にコードを追加してください。

SAMPLE CODE

```
// SampleCode/CHAPTER03/03-07/HelloCompute/Compute.swift
import Foundation
import Metal

class Compute {
    // 省略

    /// 計算を行う
    func executeCalc(
        completion: @escaping ((_ rowValuesArray: [[Int32]]?) -> ())) {
        let cmdBuffer = self.cmdQueue?.makeCommandBuffer()
        // 以下の行を追加する
        let cmdEncoder = cmdBuffer?.makeComputeCommandEncoder()
    }
}
```

▶ コンピュートコマンドエンコーダーの作成

コンピュートコマンドエンコーダーを作成するには、**MTLCommandBuffer** クラスの次のメソッドを使用します。

```
func makeComputeCommandEncoder() -> MTLComputeCommandEncoder?
```

▌▌▌計算処理用のパイプライン状態オブジェクトを作成する

コンピュートパス用のパイプライン状態オブジェクトを作成します。

次のように **Compute.swift** にコードを追加してください。

SAMPLE CODE

```
// SampleCode/CHAPTER03/03-08/HelloCompute/Compute.swift
import Foundation
import Metal

class Compute {
    // 省略

    /// 計算を行う
    func executeCalc(
        completion: @escaping ((_ rowValuesArray: [[Int32]]?) -> ())) {
        let cmdBuffer = self.cmdQueue?.makeCommandBuffer()
        let cmdEncoder = cmdBuffer?.makeComputeCommandEncoder()

        // 以下のコードを追加する
        guard let pipeline = makeKukuPipeline() else {
            completion(nil)
            return
        }

        cmdEncoder?.setComputePipelineState(pipeline)
    }

    // 以下のメソッドを追加する

    /// コンピュートパイプライン状態オブジェクトを作成する
    func makeKukuPipeline() -> MTLComputePipelineState? {
        // カーネル関数を取得する
        let lib = self.device?.makeDefaultLibrary()
        guard let kukuFunc = lib?.makeFunction(name: "generateKuku") else {
            return nil
        }

        // コンピュートパイプライン状態オブジェクトを作成する
        do {
            return try self.device?.makeComputePipelineState(function: kukuFunc)
```

▼

```
        } catch _ {
            return nil
        }
    }
}
```

▶ コンピュートパイプライン状態オブジェクトの作成

コンピュートパイプライン状態オブジェクトを作成するには、コンピュートパスで実行するカーネル関数への関数オブジェクトを取得し、**MTLDevice** の次のメソッドに渡します。

```
func makeComputePipelineState(
    function computeFunction: MTLFunction) throws -> MTLComputePipelineState
```

引数に渡された関数オブジェクトが使用できないなど、パイプライン状態オブジェクトが作成できないときは例外が投げられます。

関数オブジェクトの取得処理はCHAPTER 02のVertex関数やFragment関数を取得した方法と同じです。**MTLLibrary** の **makeFunction** メソッドを使用します。ここでは **generateKuku** 関数を指定しています。この関数はまだ実装していません。この章の後の項目で実装します。

▶ コンピュートパイプライン状態オブジェクトの設定

コンピュートパイプライン状態オブジェクトを設定するには、**MTLComputeCommandEncoder** の次のメソッドを使用します。

```
func setComputePipelineState(_ state: MTLComputePipelineState)
```

これによりコンピュートパスを実行したときに、コンピュートパイプライン状態オブジェクト作成時に指定した **generateKuku** 関数が実行されるようになります。

■ シェーダーと共有する定義

コンピュートパスを使うときもレンダーパスのときと同様にシェーダーと共有する定義があります。

49ページの『「ShaderTypes.h」ファイルの追加』と同様に操作して、**ShaderTypes.h** ファイルをプロジェクトに追加してください。 **ShaderTypes.h** ファイルには次のようなコードを入力してください。

SAMPLE CODE

```
// SampleCode/CHAPTER03/03-09/HelloCompute/ShaderTypes.h
#ifndef SHADER_TYPES_H
#define SHADER_TYPES_H


enum
{
    kKernelKukuIndexColumnCount = 0,
    kKernelKukuIndexRowCount    = 1,
```

```
    kKernelKukuIndexResult        = 2,
};

#endif /* SHADER_TYPES_H */
```

また、ブリッジヘッダファイルも必要です。49ページの『ブリッジヘッダファイルの追加』と同様に操作して、**HelloCompute-Bridging-Header.h**を追加し、**Build Settings**の**Objective-C Bridging Header**に追加したファイルを設定してください。**HelloCompute-Bridging-Header.h**ファイルには次のコードを入力してください。

SAMPLE CODE

```
// SampleCode/CHAPTER03/03-09/HelloCompute/HelloCompute-Bridging-
#ifndef HELLO_COMPUTE_BRIDGING_HEADER_H
#define HELLO_COMPUTE_BRIDGING_HEADER_H

#include "ShaderTypes.h"

#endif /* HELLO_COMPUTE_BRIDGING_HEADER_H */
```

ブリッジヘッダファイルのコードは **ShaderTypes.h** の定義を読み込むだけです。

●ブリッジヘッダーファイルの設定

カーネル関数に渡す引数の設定

カーネル関数に渡す引数を設定します。カーネル関数の `generateKuku` には次の3つの値をCPU側から渡します。

- 横方向の最大数。9で固定
- 縦方向の最大数。9で固定
- 計算結果の出力先メモリバッファ

九九の計算なので縦横は9で固定されており、わざわざ渡す必要は本当はありません。しかし、ここではカーネル関数に情報を渡す方法の解説のために、あえて値を渡すようにしています。

次のように `Compute.swift` にコードを追加してください。

SAMPLE CODE

```
// SampleCode/CHAPTER03/03-10/HelloCompute/Compute.swift
import Foundation
import Metal

class Compute {
    // 省略

    /// 計算を行う
    func executeCalc(
        completion: @escaping ((_ rowValuesArray: [[Int32]]?) -> ())) {
        // 省略
        cmdEncoder?.setComputePipelineState(pipeline)

        // 以下のコードを追加する
        var column: Int32 = 9
        var row: Int32 = 9
        let resultBuffer = self.device?.makeBuffer(
            length: MemoryLayout<Int32>.size * 81,
            options: .storageModeShared)

        cmdEncoder?.setBytes(&column, length: MemoryLayout<Int32>.size,
                        index: kKernelKukuIndexColumnCount)
        cmdEncoder?.setBytes(&row, length: MemoryLayout<Int32>.size,
                        index: kKernelKukuIndexRowCount)
        cmdEncoder?.setBuffer(resultBuffer, offset: 0,
                        index: kKernelKukuIndexResult)

    }
    // 省略
}
```

▶ カーネル関数の出力先バッファの確保

　カーネル関数が計算した値を書き込むためには、GPU側から書き込み可能なバッファが必要です。バッファを確保するには、**MTLDevice** の次のメソッドを使用します。

```
func makeBuffer(length: Int, options: MTLResourceOptions = []) -> MTLBuffer?
```

　makeBuffer メソッドは引数 **length** に指定したサイズのバッファを確保します。バッファの確保に成功すると **MTLBuffer** が返されます。引数 **options** には確保するバッファの種類を指定します。ここではGPUとCPUの両方から読み書きが可能な **.storageModeShared** を指定します。

　GPUプログラミングではメモリバッファの種類の使い分けや読み書きのタイミングがパフォーマンスに大きな影響を与えます。メモリバッファの種類の使い分けなどについては104ページの『バッファについて』で解説します。

▶ カーネル関数の引数へのバッファの設定

　makeBuffer メソッドで確保した **MTLBuffer** は、**MTLComputeCommandEncoder** の次のメソッドを使って設定します。

```
func setBuffer(_ buffer: MTLBuffer?, offset: Int, index: Int)
```

　引数 **offset** はバッファの何バイト目から読み書きするかを指定するオフセット値です。GPUプログラミングではパフォーマンスを上げるために、一括して確保したメモリバッファの中でオフセットをずらして使用することがあります。そのようなときに使うオフセット値です。

　引数 **index** は引数テーブルのインデックス番号です。指定する値は **ShaderTypes.h** ファイルで定義しています。引数テーブルについては54ページの『パイプライン状態オブジェクトの設定』を参照してください。

▶ カーネル関数の引数へのテンポラリバッファの設定

　スカラー値の参照もバッファで渡します。出力先と同様に *makeBuffer* メソッドでバッファを確保してもいいのですが、今回のように小さなデータを渡したいときには、**MTLComputeCommand Encoder** の次のメソッドを使うと便利です。

```
func setBytes(_ bytes: UnsafeRawPointer, length: Int, index: Int)
```

　このメソッドは、管理するバッファを確保して、引数 **bytes** に指定したアドレスからメモリをコピーします。確保されたバッファはMetalが管理します。コピーするサイズは引数 **length** に指定します。引数 **index** は引数テーブルのインデックス番号です。

　このメソッドは4KB以下のサイズのデータに対して使用できます。Metalが管理するので、アプリ側で **MTLBuffer** を確保することで発生するオーバーヘッドを回避します。

▓ コンピュートコマンドをエンコードする

　カーネル関数に渡す引数の設定ができたので、次はカーネル関数を実行するコンピュートコマンドをエンコードします。また、コンピュートパスに必要なコマンドのエンコードが完了するので、エンコードの完了も宣言します。 **Compute.swift** に次のようにコードを追加してください。

```
// SampleCode/CHAPTER03/03-11/HelloCompute/Compute.swift
import Foundation
import Metal

class Compute {
    // 省略
    /// 計算を行う
    func executeCalc(
        completion: @escaping ((_ rowValuesArray: [[Int32]]?) -> ())) {
        // 省略
        cmdEncoder?.setBuffer(resultBuffer, offset: 0,
                              index: kKernelKukuIndexResult)
        // 以下のコードを追加する
        let w = pipeline.threadExecutionWidth
        let h = pipeline.maxTotalThreadsPerThreadgroup / w
        let threadsPerGroup = MTLSizeMake(w, h, 1)
        let threadsPerGrid = MTLSizeMake(Int(column), Int(row), 1)
        cmdEncoder?.dispatchThreads(threadsPerGrid, threadsPerThreadgroup: threadsPerGroup)

        cmdEncoder?.endEncoding()
    }
    // 省略
}
```

▶ カーネル関数を実行するコンピュートコマンドのエンコード

　カーネル関数を実行するコンピュートコマンドをエンコードするには、**MTLComputeCommandEncoder** の次のメソッドを使用します。

```
func dispatchThreads(_ threadsPerGrid: MTLSize, threadsPerThreadgroup: MTLSize)
```

　引数 **threadsPerGrid** はスレッド数を指定します。ここでは九九の計算なので、幅が9、高さが9、奥行きが1で指定します。セルごとにスレッドを1つ割り当てて計算させるためです。

　引数 **threadsPerThreadgroup** はスレッドグループごとのスレッド数です。 **dispatchThreads** は **threadsPerGrid** に指定した数のスレッドをグループに分割して処理します。このグループがスレッドグループです。スレッドグループごとのスレッド数をいくつにするかは、パイプライン状態オブジェクトの次の2つのプロパティの値を使って計算します。

プロパティ	説明
threadExecutionWidth	GPUが同時実行可能なスレッド数
maxTotalThreadsPerThreadgroup	1つのスレッドグループに許可される最大スレッド数

グループごとのスレッド数は次のコードで計算します。

```
let w = pipeline.threadExecutionWidth
let h = pipeline.maxTotalThreadsPerThreadgroup / w
let threadsPerGroup = MTLSizeMake(w, h, 1)
```

上記のコードで求めた `threadsPerGroup` を `dispatchThreads` メソッドの引数に指定します。

▶ non-uniformスレッドグループについて

`dispatchThreads` はnon-uniformスレッドグループに対応しているGPUでのみ使用可能なメソッドです。スレッドをグループに分割したときに、スレッド数がグループごとのスレッド数の整数倍ではないときに発生する端数に合わせて、Metalはスレッドグループを小さくします。このようなグループのスレッド数が場所によって変わる可変サイズのスレッドグループのことをnon-uniformスレッドグループと呼びます。

non-uniformスレッドグループはすべてのGPUでサポートされているわけではありません。使用できないときは、`dispatchThreads` メソッドではなく、`MTLComputeCommandEncoder` の `dispatchThreadgroups` メソッドを使用する必要があります。non-unifomスレッドグループに対応しているか調べる方法や `dispatchThreadgroups` については、95ページの『デバイスが持っている能力を調べる』で解説します。

●non-uniformスレッドグループのイメージ

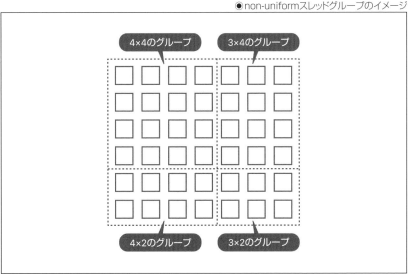

●uniformスレッドグループのイメージ

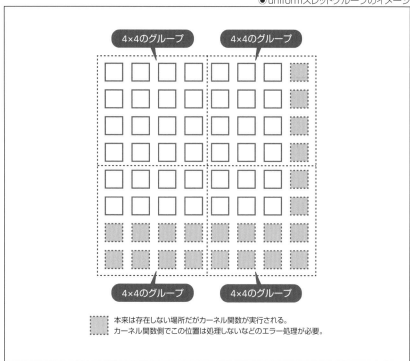

4×4のグループ　4×4のグループ

4×4のグループ　4×4のグループ

本来は存在しない場所だがカーネル関数が実行される。
カーネル関数側でこの位置は処理しないなどのエラー処理が必要。

▶ コンピュートパスのエンコード完了

　コンピュートパスのコマンドのエンコードを完了するメソッドは、レンダーパスコマンドのエンコードを完了するときに使用したメソッドと同じです。 `MTLCommandEncoder` の次のメソッドを使用します。

```
func endEncoding()
```

┃┃┃ コンピュートパスを実行する

　コンピュートパスのコマンドのエンコードが完了したので、後は実行して、結果が戻ってくるのを待つだけです。 `Compute.swift` に次のようにコードを追加してください。

SAMPLE CODE

```
// SampleCode/CHAPTER03/03-12/HelloCompute/Compute.swift
import Foundation
import Metal

class Compute {
    // 省略
    /// 計算を行う
```

▼

```
func executeCalc(completion: @escaping ((_ rowValuesArray: [[Int32]]?) -> ())) {
    // 省略
    cmdEncoder?.endEncoding()

    // 以下のコードを追加する
    cmdBuffer?.addCompletedHandler({ (cb) in
        if let buf = resultBuffer {
            completion(self.makeRowValuesArray(buf))
        } else {
            completion(nil)
        }
    })

    cmdBuffer?.commit()
}

// 省略

// 以下のコードを追加する
/// バッファからKukuTableView用の配列を作る
func makeRowValuesArray(_ buffer: MTLBuffer) -> [[Int32]] {
    var result = [[Int32]]()

    let p = buffer.contents().bindMemory(to: Int32.self, capacity: 81)
    let values = UnsafeBufferPointer<Int32>(start: p, count: 81)

    for i in 0 ..< 9 {
        let rowValues = [Int32](values[(i * 9) ..< ((i + 1) * 9)])
        result.append(rowValues)
    }

    return result
}
}
```

▶ コンピュートパス完了時の処理を設定する

コンピュートパスは非同期で実行されるので、コンピュートパスで出力された値を使うためには、次のいずれかを行う必要があります。

- コマンド開始後、コマンド完了まで待機する。
- コマンド完了時に実行されるコールバック処理を設定してから、コマンドを開始する。

このサンプルコードでは後者の方法をとりました。コンピュートパス完了後に実行される処理を設定するには、**MTLCommandBuffer** の次のメソッドを使用します。

```
func addCompletedHandler(_ block: @escaping MTLCommandBufferHandler)
```

実行する処理の内容はブロックで指定します。指定するブロックは次のように定義されています。

```
typealias MTLCommandBufferHandler = (MTLCommandBuffer) -> Void
```

このサンプルコードでは、**executeCalc** メソッドの引数 **completion** に指定されたブロックを実行する処理を指定しています。

▶ コマンドバッファを実行する

コマンドバッファの実行開始はレンダーパスと同じです。**MTLCommandBuffer** の **commit** メソッドを使用します。GPU上でのコンピュートパスの実行は非同期で行われるので、**commit** メソッドはすぐにアプリ側に戻ってきます。

▶ カーネル関数の出力を取得する

カーネル関数の出力は **MTLBuffer** に書き込まれます。書き込まれた内容を取得するには、**MTLBuffer** の **contents** プロパティを使用します。

```
func contents() -> UnsafeMutableRawPointer
```

contents は **UnsafeMutableRawPointer** です。このサンプルコードでは、このバッファは **Int32** が81個連続する配列になっています。一方、**KukuTableView** は段ごとに9つの **Int32** で構成される配列を作り、すべての段の配列を格納する配列を渡すようになっています。そのための変換処理を行っているのが、**makeRowValuesArray** メソッドです。

まず、次のコードで UnsafeMutableRawPointer から UnsafeMutablePointer<Int32> に変換しています。

```
let p = buffer.contents().bindMemory(to: Int32.self, capacity: 81)
```

次のコードで UnsafeMutablePointer<Int32> を UnsafeBufferPointer<Int32> に変換しています。UnsafeBufferPointer<Int32> は [Int32] として使用できます。

```
let values = UnsafeBufferPointer<Int32>(start: p, count: 81)
```

values は **Int32** が81個入った配列です。ここから9個ずつ **Int32** を取り出して、9つの配列に分割し、**[[Int32]]** を作ります。それを行っているのが次のループです。

```
for i in 0 ..< 9 {
    let rowValues = [Int32](values[(i * 9) ..< ((i + 1) * 9)])
    result.append(rowValues)
}
```

▌▌▌ コンピュートカーネルの実装

コンピュートパスで実行するカーネル関数を実装します。まずはカーネル関数を書くために、56ページの『シェーダーを追加する』と同様に操作して、Shader.metal ファイルをプロジェクトに追加してください。

generateKuku 関数は九九のデータを生成するカーネル関数です。Shader.metal を次のように編集してください。

SAMPLE CODE

```
// SampleCode/CHAPTER03/03-13/HelloCompute/Shader.metal
#include <metal_stdlib>
#include "ShaderTypes.h"

kernel void generateKuku(
    constant int32_t &columnCount [[buffer(kKernelKukuIndexColumnCount)]],
    constant int32_t &rowCount [[buffer(kKernelKukuIndexRowCount)]],
    device int32_t *resultValues [[buffer(kKernelKukuIndexResult)]],
    uint2 position [[thread_position_in_grid]])
{
    if (position.x >= (uint)columnCount ||
        position.y >= (uint)rowCount)
    {
        return;
    }

    uint index = position.y * columnCount + position.x;
    resultValues[index] = (position.x + 1) * (position.y + 1);
}
```

▶ カーネル関数の形式

カーネル関数はコンピュートパスで実行される関数です。次のように任意の引数を定義できます。

```
kernel void kernelFunction(
    引数1の型 引数1 [[buffer(index)]], ...
)
```

先頭に書かれている kernel は、この関数がカーネル関数だということを定義しています

▶ バッファ引数

バッファ引数は buffer(index) というアトリビュートを付けて定義します。index は引数テーブルのインデックス番号です。setBytes メソッドや setBuffer メソッドでCPU側で引数をセットするときに指定したインデックス番号を書きます。サンプルコードの様に共通のヘッダファイルで定義して、設定するときとカーネル関数の定義の両方で使用するようにすると、ケアレスミスの防止になります。

▶ スレッドの位置

スレッドの位置は `thread_position_in_grid` というアトリビュートを付けた引数に渡されます。このサンプルコードは実行時にグリッドサイズをXYの二次元にしているので、`uint2` を引数の型に指定しています。

`thread_position_in_grid` アトリビュートを付けた引数の型は、次のいずれかを指定する必要があります。

- ushort
- ushort2
- ushort3
- uint
- uint2
- uint3

▶ 範囲外チェックを必ず行う

このサンプルコードをXcodeのライブシミュレーターやアプリのシミュレータで実行した場合は、non-uniformスレッドグループが使用できるので、範囲外になることはないと思います。しかし、デバイス上で実行するときには、non-uniformスレッドグループが使えない場合があります。そのようなときは、グリッド内のスレッド位置が範囲外になる可能性があります。

そのため、カーネル関数の先頭でスレッド位置をチェックしています。範囲外の場合には何も処理を行わずに終了するべきなので、すぐに `return` で終了しています。範囲外なのに計算処理を行うのは、不具合のもとになりますし、使用しないデータのために処理を行うのは時間の無駄となり、もったいないのでできるだけ早く中止しましょう。

▶ アドレス空間アトリビュート

カーネル関数のバッファ引数はアドレス空間の指定が必要です。ここで使用しているのは次の2種類です。

アトリビュート	説明
device	「device」アドレス空間は読み書き可能なバッファ
constant	「constant」アドレス空間は「device」アドレス空間の読み込み専用バッファ

`device` と `constant` はポインタ、もしくは、参照として引数を宣言できます。

||| 「Run Compute Pass」ボタンを実装する

コンピュートパスの実行処理の実装、カーネル関数の実装が完了しました。これで Run Compute Pass ボタンの実装ができます。ほとんどの処理は Compute.swift で実装済みなので、ContentView.swift に実装するコードはとてもシンプルです。

ContentView.swift に次のようにコードを追加してください。

SAMPLE CODE

```
// SampleCode/CHAPTER03/03-14/HelloCompute/ContentView.swift
import SwiftUI

struct ContentView: View {
    // 九九の表に表示する値。初期値は0で埋めておく
    @State var rowValuesArray = [[Int32]](
        repeating: [Int32](repeating: 0, count: 9), count: 9)

    // 次の行を追加する
    var compute = Compute()

    var body: some View {
        VStack {
            KukuTableView(rowValuesArray: rowValuesArray)
                .padding(.bottom)
            Button(action: {
                // 以下の5行を追加する
                self.compute.executeCalc { (result) in
                    if result != nil {
                        self.rowValuesArray = result!
                    }
                }
            }) {
                Text("Run Compute Pass")
            }
        }
    }
}
// 省略
```

▶「compute」プロパティの追加

　`Compute` クラスで行う処理は非同期なので、ボタンが押された後も解放されないように `compute` プロパティを追加して保持するようにします。また、プロパティに保持することで、デバイスやコマンドキューなども保持しておけます。

▶ ボタンのアクション

　ボタンがタップされたときの処理は、`Button` のイニシャライザの引数 `action` に指定します。ここで行いたいのは計算処理の実行なので、`executeCalc` メソッドを呼ぶコードを書きます。

　計算結果を表示するため、完了処理で取得した結果を `rowValuesArray` プロパティに代入します。SwiftUIにより `rowValuesArray` プロパティに結果を代入すると `KukuTable View` が表示更新され、九九の表が完成します。

❚❚❚ ライブプレビューで実行する

九九の表をMetalを使って計算するサンプルコードが完成しました。ライブプレビューで表示してみましょう。

●初期状態

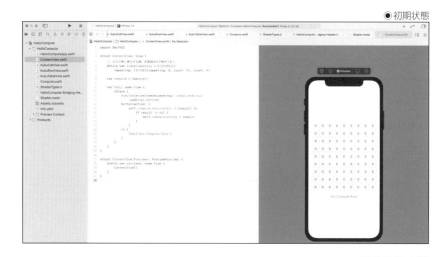

●ボタンタップ後

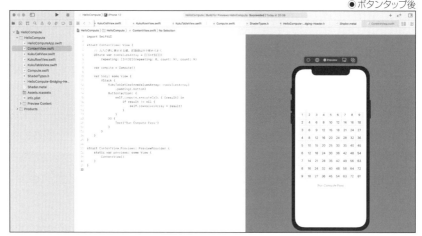

iPhone上でサンプルコードを実行すると、**dispatchThreads** メソッドでクラッシュし、以下のログが出力されることがあります。

```
MTLValidateFeatureSupport:3906: failed assertion `Dispatch Threads with Non-Uniform
Threadgroup Size is only supported on MTLGPUFamilyApple4 and later.'
```

dispatchThreads メソッドはnon-uniformスレッドグループをサポートしていないデバイスでは実行できないためにクラッシュしています。たとえば、iPhone XSでは実行できますが、iPhone 7では実行できません。このようなことを防止するための方法は、95ページの『デバイスが持っている能力を調べる』で解説します。

CHAPTER 04

デバイス

GPUについて

MetalはGPUに直接アクセスすることができます。それゆえ、本来であれば抽象化され、あまり意識することのないGPUについて、どのようなハードウェア機能があるのかや、マシン本体とはどのように接続されているのかといったことを考慮したコードを書く必要があります。

▌iGPU

iGPUはIntegrated GPUの略で、統合型内蔵GPUのことです。iPhone/iPad/Apple TVではiGPUしかないので、最も身近なGPUでもあります。Macの場合にはiGPUのみ搭載されているマシンや、iGPUとdGPUが両方とも搭載されているマシンなどがあります。

iPhone/iPad/Apple TVには、アップル社が設計したGPUが搭載されています。Macの場合はCPUにインテル製のチップが使われているマシンとアップル製のチップが搭載されているマシンがあります。インテル製のチップのマシンではインテル社のiGPU、アップル製のチップのマシンではアップル製のiGPUが搭載されています。

ハードウェアとしてのGPUは必ず1つは搭載されていますが、Metalが使えるかどうかは別の話です。しかし、本書の執筆時点での最新のOS(macOS 10.15, iOS 13, iPadOS 13, tvOS 13)が動作可能なハードウェアであれば、Metalも利用可能です。

▌dGPU

dGPUはDiscrete GPUの略で、分離型内蔵GPUのことです。Macの一部の機種で採用されています。本書の執筆時点ではインテル製のチップのマシンでは、iGPUよりもdGPUの方が高機能で、AMD製のGPUが採用されています。また、dGPUが採用されている機種ではバッテリーの消費量を抑えるために、処理内容によってiGPUとdGPUを切り替える複数GPU構成になっているものもあります。Mac ProのようにdGPUが複数搭載されているものもあります。

MetalはdGPUにも対応しています。また、複数GPUにも対応しています。

▌▌eGPU

　eGPUはExternal GPUの略で、外付けGPUのことです。MacではThunderbolt 3接続のeGPUがサポートされています。eGPUにはGPUが交換できるものとできないものがあります。Macに内蔵されているGPUではVRAMが不足する場合や性能が不足しているときなどに、eGPUを使うことで強力なGPUを利用できるようになります。

　MetalはeGPUにも対応しています。

　しかし、本書の執筆時点ではM1チップ搭載のMacではeGPUはサポートされていないという発表がありました。これがM1チップの制限なのか、M1チップの初期モデルでの制限なのか、ソフトウェア的な制限なのかといった情報は不明です。将来の更新でサポートされるのかどうかも本書の執筆時点ではわかっていません。この原稿を執筆している時点では、M1チップ搭載のMacが正式に発表され、予約の受付が始まりました。本書が読者の皆さんのところに届くころには状況が変わっているかもしれません。

デバイスを探す

iPhoneやiPadでは接続されているGPUはiGPUの1つだけですが、Macの場合は異なります。dGPUやeGPUがあるため、複数のGPUが利用可能な場合があります。

Xcodeのプレイグラウンドを使用する

接続されているGPUを取得してみましょう。ここではXcodeのプレイグラウンドを使ってみましょう。次のように操作してプレイグラウンドファイルを作ってください。

❶ 「File」メニューの「New」→「Playground」を選択します。

❷ 「macOS」の「Blank」を選択し、「Next」ボタンをクリックします。

●「Blank」の選択

❸ ファイル名に「Chapter04」など任意の名前を入力して「Create」ボタンをクリックします。

接続されているGPUを取得する

接続されているGPUを取得してみましょう。プレイグラウンドに次のコードを入力してください。

`SAMPLE CODE`

```
// SampleCode/CHAPTER04/04-01/Chapter04.playground
import Metal

let devices = MTLCopyAllDevices()
for device in devices {
    print(device.name)
}
```

コードを実行してみましょう。プレイグラウンドのコンソールに接続されているGPUの名前が出力されます。

次のスクリーンキャプチャは著者のマシンでの実行結果です。このマシンのGPU構成は次のようになっています。

GPU	デバイス名
iGPU	Intel(R) HD Graphics 530
dGPU	AMD Radeon Pro 460
eGPU	AMD Radeon RX 580

●接続されているGPUが出力される

▶ 全デバイスの取得

接続されている全デバイスを取得するには、次の関数を使用します。

```
func MTLCopyAllDevices() -> [MTLDevice]
```

この関数はMac上でしか使用できません。iPhone/iPad/Apple TVでは複数台のGPUはサポートされていないので、この関数も提供されていません。CHAPTER 02やCHAPTER 03のサンプルコードで使ったように、**MTLCreateSystemDefaultDevice**関数を使ってデバイスを取得します。

▶ Macでのデフォルトデバイスについて

Mac上で**MTLCreateSystemDefaultDevice**関数を使用するとデフォルトデバイスを取得できます。デフォルトデバイスはメニューバーが配置されているディスプレイです。

メニューバーの配置は、システム環境設定から変更可能です。次のように操作します。

❶ アップルメニューから「システム環境設定」を選択します。

❷ 「ディスプレイ」をクリックします。

●システム環境設定

❸ 「配置」タブをクリックします。

❹ 画面の指示の通り、接続中のディスプレイが表示されるので、メニューバーをドラッグして任意のディスプレイに配置します。

●メニューバーの配置設定

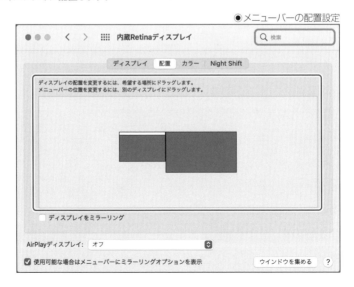

デバイスが持っている能力を調べる

Metalは使用するGPUによって利用できる機能が異なります。これはソフトウェア的な仕組みではなく、ハードウェア的に実装されている機能が必要になるためです。そのため、実行時に使用中のGPUがどのような能力を持っているのかを調べる必要があります。

デバイスが持っている機能は、**MTLDevice** のプロパティで取得できます。ここではよく使用するものを紹介します。それ以外のプロパティについては、**MTLDevice** のリファレンスを参照してください。

- ● MTLDevice
  - URL https://developer.apple.com/documentation/metal/mtldevice

▌▌▌最大メモリサイズを取得する

GPUはCPU側のRAMと比べると搭載されているメモリが少なく、メモリを多く使うことが予想される場合には、そもそも実行できるのかどうかを知るために、最大メモリサイズを取得します。

次のコードは、各デバイスで推奨される最大メモリサイズと最大バッファサイズ、統合メモリかをコンソールに出力します。

SAMPLE CODE

```
// SampleCode/CHAPTER04/04-02/Chapter04.playground
import Metal

let devices = MTLCopyAllDevices()
for device in devices {
    let recommendSize = Double(device.recommendedMaxWorkingSetSize) /
        1024 / 1024 / 1024
    let maxBufSize = Double(device.maxBufferLength) / 1024 / 1024 / 1024
    print("\(device.name): " +
        "RecommendedMaxSize=\(recommendSize)GB, " +
        "MaxBufferSize=\(maxBufSize)GB, " +
        "HasUnifiedMemory=\(device.hasUnifiedMemory)")
}
```

　著者の環境では次のように出力されました。

●実行結果

▶ 推奨される最大メモリサイズ

　推奨される最大メモリサイズは、GPUのパフォーマンスが悪化しない最大メモリサイズのことです。**MTLDevice** の次のプロパティで取得できます。返される値の単位はバイトです。

```
var recommendedMaxWorkingSetSize: UInt64 { get }
```

　パフォーマンスが悪化しないサイズなので、確保可能な合計サイズではありません。バッファの合計サイズが、このプロパティの値を超えていても確保はできます。

　また、このプロパティはMac上でしか使用できません。

　著者の環境で見てみると、dGPUとeGPUではGPUに搭載されているVRAMサイズがそのまま入っていました。iGPUの場合は著者の環境では1.5GBという値が入っていました。

▶ 最大バッファサイズ

　1つのバッファで確保可能なバッファサイズはGPUによって異なります。この確保可能な最大バッファサイズは、**MTLDevice** の次のプロパティで取得できます。

```
var maxBufferLength: Int { get }
```

　このプロパティはMacだけではなく、iPhone/iPad/Apple TVでも使用可能です。

　最大バッファサイズよりも大きなバッファは確保できません。このプロパティよりも大きなバッファを必要とする場合は、バッファを分割して、複数のバッファで動かせるようなコードを実装する必要があります。

　また、このサイズは必ずしも最大メモリサイズ以下ではありません。著者の環境では、dGPUとeGPUは、VRAMのサイズはそれぞれ4GBと8GBありますが、最大バッファサイズは3.5GB、または、3.0GBになっていました。一方でiGPUの方は、推奨される最大メモリサイズは1.5GBですが、最大バッファサイズは2GBになっていました。

　iPhone/iPad/Apple TVでは、推奨最大メモリサイズは取得できませんが、最大バッファサイズは取得できます。iPhone XSで確認してみると、最大バッファサイズは988MBでした。

▶ 統合メモリとは

統合メモリ（Unified Memory）は、CPU/GPUで共有するメモリのことです。**MTLDevice** の
次のプロパティで統合メモリを使用しているかどうかを取得できます。

```
var hasUnifiedMemory: Bool { get }
```

hasUnifiedMemory プロパティが **true** の場合は、そのデバイスの全メモリが独立し
たVRAMではなく、CPUと共有するRAMを使用していることを意味します。iGPUはCPU/
GPUでRAMを共有するので、このプロパティは **true** になり、dGPU/eGPUの場合は独立
したVRAMを持つので、**hasUnifiedMemory** プロパティは **false** になります。

iPhone/iPad/Apple TVは、独立したVRAMではなく、統合メモリです。**hasUnified
Memory** プロパティの値も **true** になります。

▓ 特定のGPUファミリーへ対応しているか調べる

実行中のGPUによって使用可能な機能が異なるため、実行時に使いたい機能が利用可
能かを調べる必要があります。Metalでは機能セットというものを定義しています。実行時に
使用中のGPUが指定した機能セットに対応しているかを確認することで、特定の機能が使
用可能かを判定します。

次のコードは、CHAPTER 03で作成した九九のアプリのコンピュートパス実行部分を変更
したコードです。CHAPTER 03のサンプルコードの **Compute.executeCalc** メソッドは、
non-uniformスレッドグループが使用可能かをチェックせずに、non-uniformスレッドグループ
を使用していました。これをnon-uniformスレッドグループに対応しているかを調べて、処理を
切り替えるように変更したコードです。

SAMPLE CODE

```
// SampleCode/CHAPTER04/04-03/HelloCompute/Compute.swift
func executeCalc(completion:
@escaping ((_ rowValuesArray: [[Int32]]?) -> ())) {
    // 省略

    let w = pipeline.threadExecutionWidth
    let h = pipeline.maxTotalThreadsPerThreadgroup / w
    let threadsPerGroup = MTLSizeMake(w, h, 1)

    if let device = self.device {
        if device.supportsFamily(.common3) {
            // non-uniformスレッドグループに対応している
            let threadsPerGrid = MTLSizeMake(Int(column), Int(row), 1)
            cmdEncoder?.dispatchThreads(threadsPerGrid,
                              threadsPerThreadgroup: threadsPerGroup)
        } else {
            // non-uniformスレッドグループに対応していない
            let groupsPerGrid = MTLSize(width: (Int(column) + w - 1) / w,
```

```
                              height: (Int(row) + h - 1) / h,
                              depth: 1)
            cmdEncoder?.dispatchThreadgroups(groupsPerGrid,
                              threadsPerThreadgroup: threadsPerGroup)

        }
    }


    cmdEncoder?.endEncoding()

    // 省略
}
```

▶ GPUファミリーへの対応状況を調べる

特定のGPUファミリーへ対応しているか調べるには、**MTLDevice** の次のメソッドを使用します。

```
func supportsFamily(_ gpuFamily: MTLGPUFamily) -> Bool
```

non-uniformスレッドグループに対応しているGPUファミリーが何であるかは、アップル社が公開している「Metal Feature Set Tables」で確認します。次のURLからダウンロード可能です。

- Using Metal Feature Set Tables
  - URL https://developer.apple.com/documentation/metal/gpu_features/using_metal_feature_set_tables/

公開されている一覧表はNumbersとPDFの2種類のフォーマットで公開されています。内容は同じです。non-uniformスレッドグループ（Non-uniform threadgroup size）の対応状況を確認すると、次のGPUファミリーで使用可能だということがわかります。

- MTLGPUFamilyCommon3
- MTLGPUFamilyApple4
- MTLGPUFamilyApple5
- MTLGPUFamilyApple6
- MTLGPUFamilyMac1
- MTPGPUFamilyMac2

このサンプルコードでは、**supportsFamily** メソッドに **.common3** を指定して、**MTLGPU FamilyCommon3** に対応しているかを確認するコードにしました。

▶ GPUファミリーとハードウェアの関係

GPUファミリーとハードウェアとの関係は次のようになっています。

●iOSデバイス

GPU Family	Feature Set	Hardware
MTLGPUFamilyApple1	iOS GPU family 1	Apple A7
MTLGPUFamilyApple2	iOS GPU family 2	Apple A8
MTLGPUFamilyApple3	iOS GPU family 3	Apple A9/A10
MTLGPUFamilyApple4	iOS GPU family 4	Apple A11
MTLGPUFamilyApple5	iOS GPU family 5	Apple A12

●tvOSデバイス

GPU Family	Feature Set	Hardware
MTLGPUFamilyApple2	tvOS GPU family 1	Apple A8
MTLGPUFamilyApple3	tvOS GPU family 2	Apple A9/A10

●macOSデバイス

GPU Family	Feature Set	Hardware
MTLGPUFamilyMac1	macOS GPU family 1	iMac Pro iMac 2012以降 MacBook 2015以降 MacBook Pro 2012以降 MacBook Air 2012以降 Mac mini 2012以降 Mac Pro 2013以降
MTLGPUFamilyMac2	macOS GPU family 2	iMac 2015以降 MacBook Pro 2016以降 MacBook 2016以降 iMac Pro 2017以降

■ 機能セットとバージョン判定

MetalはOSのバージョンによっても使用可能な機能が変わります。次のコードは、実行中のマシンの機能セットを判定するコードです。少し泥臭いコードになっています。本書の執筆時点で定義されている機能セットの名前を出力します。出力する名前はハードコーディングされているので、執筆時点で定義されていないハードウェアとOSの組み合わせでは、「Unknown」と表示されてしまいます。そのようなときは、リファレンスを調べてコードを追加してください。

SAMPLE CODE

```swift
// SampleCode/CHAPTER04/04-04/FeatureSet/ContentView.swift
import SwiftUI
import Metal

// 機能セットの名前の定義
let featureSetNames: [MTLFeatureSet: String] = [
    .iOS_GPUFamily1_v1: "iOS GPU Family 1 v1",
    .iOS_GPUFamily1_v2: "iOS GPU Family 1 v2",
    .iOS_GPUFamily1_v3: "iOS GPU Family 1 v3",
```

01
02
03
04
デバイス
05
06

```
            .iOS_GPUFamily1_v4: "iOS GPU Family 1 v4",
            .iOS_GPUFamily1_v5: "iOS GPU Family 1 v5",

            .iOS_GPUFamily2_v1: "iOS GPU Family 2 v1",
            .iOS_GPUFamily2_v2: "iOS GPU Family 2 v2",
            .iOS_GPUFamily2_v3: "iOS GPU Family 2 v3",
            .iOS_GPUFamily2_v4: "iOS GPU Family 2 v4",
            .iOS_GPUFamily2_v5: "iOS GPU Family 2 v5",

            .iOS_GPUFamily3_v1: "iOS GPU Family 3 v1",
            .iOS_GPUFamily3_v2: "iOS GPU Family 3 v2",
            .iOS_GPUFamily3_v3: "iOS GPU Family 3 v3",
            .iOS_GPUFamily3_v4: "iOS GPU Family 3 v4",

            .iOS_GPUFamily4_v1: "iOS GPU Family 4 v1",
            .iOS_GPUFamily4_v2: "iOS GPU Family 4 v2",

            .iOS_GPUFamily5_v1: "iOS GPU Family 5 v1",
]

struct ContentView: View {
    var maxFeatureSetName: String = {
        if let device = MTLCreateSystemDefaultDevice() {
            let keys = featureSetNames.keys.sorted(by: { (lhd, rhd) -> Bool in
                return rhd.rawValue < lhd.rawValue
            })

            for featureSet in keys {
                if device.supportsFeatureSet(featureSet) {
                    return featureSetNames[featureSet]!
                }
            }
        }
        return "Unknown"
    }()

    var body: some View {
        Text("\(self.maxFeatureSetName)")
    }
}

struct ContentView_Previews: PreviewProvider {
    static var previews: some View {
        ContentView()
    }
}
```

このコードをiPhone 7のiOS 14上で実行すると **iOS GPU Family 3 v4** と表示されます。iPhone XSのiOS 14上で実行した場合は **iOS GPU Family 5 v1** と表示されます。また、MacBook Pro 2016上のXcode 12.2のライブプレビューで実行すると **iOS GPU Family 2 v5** と表示されます。

●ライブプレビューでの機能セットの判定

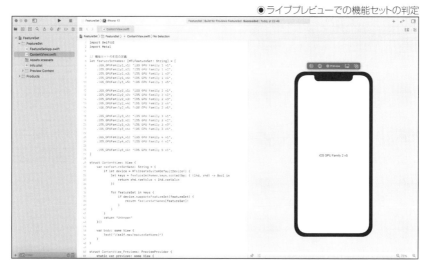

▶ 機能セットへの対応状況の判定

機能セットに対応しているかどうかを判定するには、**MTLDevice** の次のメソッドを使用します。

```
func supportsFeatureSet(_ featureSet: MTLFeatureSet) -> Bool
```

このメソッドは引数に指定した機能セットに対応しているかどうかを返します。

▶ 機能セットとハードウェア・OSの関係

どの機能セットはハードウェアだけではなく、OSとの組み合わせによって定義されます。機能セットとハードウェア・OSの関係は次のようになっています。

機能セット	説明
iOS_GPUFamily1_v1	Apple A7以降 + iOS 8以降
iOS_GPUFamily1_v2	Apple A7以降 + iOS 9以降
iOS_GPUFamily1_v3	Apple A7以降 + iOS 10以降
iOS_GPUFamily1_v4	Apple A7以降 + iOS 11以降
iOS_GPUFamily1_v5	Apple A7以降 + iOS 12以降
iOS_GPUFamily2_v1	Apple A8以降 + iOS 8以降
iOS_GPUFamily2_v2	Apple A8以降 + iOS 9以降
iOS_GPUFamily2_v3	Apple A8以降 + iOS 10以降
iOS_GPUFamily2_v4	Apple A8以降 + iOS 11以降
iOS_GPUFamily2_v5	Apple A8以降 + iOS 12以降
iOS_GPUFamily3_v1	Apple A9以降 + iOS 9以降
iOS_GPUFamily3_v2	Apple A9以降 + iOS 10以降

機能セット	説明
iOS_GPUFamily3_v3	Apple A9以降 + iOS 11以降
iOS_GPUFamily3_v4	Apple A9以降 + iOS 12以降
iOS_GPUFamily4_v1	Apple A11以降 + iOS 11以降
iOS_GPUFamily4_v2	Apple A11以降 + iOS 12以降
iOS_GPUFamily5_v1	Apple A12以降 + iOS 12以降
tvOS_GPUFamily1_v1	Apple A8以降 + tvOS 9以降
tvOS_GPUFamily1_v2	Apple A8以降 + tvOS 10以降
tvOS_GPUFamily1_v3	Apple A8以降 + tvOS 11以降
tvOS_GPUFamily1_v4	Apple A8以降 + tvOS 12以降
tvOS_GPUFamily2_v1	Apple A10以降 + tvOS 11以降
tvOS_GPUFamily2_v2	Apple A10以降 + tvOS 12以降
macOS_GPUFamily1_v1	Metal対応GPU + macOS 10.11以降
macOS_GPUFamily1_v2	Metal対応GPU + macOS 10.12以降
macOS_GPUFamily1_v3	Metal対応GPU + macOS 10.13以降
macOS_GPUFamily1_v4	Metal対応GPU + macOS 10.14以降
macOS_GPUFamily2_v1	GPUファミリー2以降のGPU + macOS 10.14以降

GPUファミリー2に属するGPUは次の通りです。

- Intel Iris Graphics 5xx
- Intel Iris Plus Graphics 6xx
- Intel HD Graphics 5xx
- Intel HD Graphics 6xx
- AMD FirePro Dxxx
- AMD Radeon R9 M2xx
- AMD Radeon R9 M3xx
- AMD Radeon Pro 4xx
- AMD Radeon Pro 5xx
- AMD Radeon Pro Vega

今後リリースされるGPUでアップル社が正式に対応しているGPUは、GPUファミリー2以降に属すると思います。

▶「dispatchThreadgroups」メソッド

MTLComputeCommandEncoder の **dispatchTreadgroups** メソッドはカーネル関数を実行するコンピュートコマンドをエンコードするメソッドです。次のように定義されています。

```
func dispatchThreadgroups(_ threadgroupsPerGrid: MTLSize,
    threadsPerThreadgroup: MTLSize)
```

　dispatchThreadgroups メソッドは、スレッドグループサイズを固定して実行します。non-uniformスレッドグループに対応していないGPUでも使用可能です。引数 **threadgroupsPerGrid** にはスレッドグループ数、引数 **threadsPerThreadgroup** には各グループのスレッド数を指定します。

　グループのスレッド数が固定であるため、カーネル関数が範囲外の座標に対して実行される可能性があります。そのため、CHAPTER 03で実装した **generateKuku** カーネル関数は範囲外チェックを行っています。

```
kernel void generateKuku(
    constant int32_t &columnCount [[buffer(kKernelKukuIndexColumnCount)]],
    constant int32_t &rowCount [[buffer(kKernelKukuIndexRowCount)]],
    device int32_t *resultValues [[buffer(kKernelKukuIndexResult)]],
    uint2 position [[thread_position_in_grid]])
{
    // 範囲外チェックを行っている
    if (position.x >= (uint)columnCount ||
        position.y >= (uint)rowCount)
    {
        return;
    }

    uint index = position.y * columnCount + position.x;
    resultValues[index] = (position.x + 1) * (position.y + 1);
}
```

　このnon-uniformスレッドグループに対応していないGPUでは、このように範囲外になる可能性があります。カーネル関数ではそれを踏まえて、範囲外チェックを必ず実装しましょう。

バッファについて

バッファはGPU上で実行するシェーダーに渡すデータを入れたり、GPUで処理したデータを書き込んだりする領域です。

▌▌▌ストレージモード

Metalのバッファはストレージモードを指定して確保します。ストレージモードはバッファの内容の格納方法を指定するオプションです。このストレージモードの指定によりパフォーマンスが大きく変わります。使用場所に合わせた適切なストレージモードを選択することが重要です。

▶プライベートストレージモード

プライベートストレージモードはGPUに最適化したバッファを確保します。dGPUの場合はVRAMにバッファを確保します。CPU側から直接読み書きすることはできず、GPUからのみアクセス可能なバッファです。他のストレージモードよりも高速に読み書きすることができます。

たとえば、画像データなどをプライベートストレージモードで確保したバッファに格納して、画像処理を行い、最後にバッファ転送で共有ストレージモードのバッファにコピーして取り出すというような使い方をします。

著者の経験では、Mac版のMetalで実装した画像処理で、1000万画素前後の画像に対して実行したときに、バッファ転送の時間を入れても、1.5倍から2倍程度、共有ストレージモードのバッファよりも高速に処理できました。

●プライベートストレージモードのイメージ

▶共有ストレージモード

共有ストレージモードはCPU側のRAMにバッファを確保して、CPU/GPUの両方から読み書き可能なバッファを確保します。たとえば、シェーダー側で参照するパラメータを入れた構造体を入れるのに使用します。CPUで必要な値をセットして、GPUで参照するという使い方をするときに便利です。

同じことをプライベートストレージモードのバッファで行おうとすると、次のような手順が必要になり、かえって遅くなってしまいます。

1 GPUが参照するプライベートストレージモードのバッファを確保する。

2 CPUが書き込む共有ストレージモードのバッファを確保する。

3 2のバッファにCPU側から値を代入する。

4 2のバッファから1のバッファに転送する、バッファ転送コマンドをエンコードする

一方、共有ストレージモードを使えば、次の手順だけで済みます。

1 CPU/GPUが参照する共有ストレージモードのバッファを確保する。

2 **1** のバッファにCPU側から値を代入する。

共有ストレージモードは便利なのですが、プライベートストレージモードよりは遅いので、シェーダー側で実行する処理によって使い分けることが重要です。

◉共有ストレージモードのイメージ

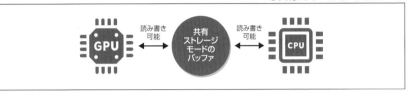

▶ **マネージドストレージモード**

マネージドストレージモードはiGPUとdGPUとで少し動作が異なるストレージモードです。macOSでのみ使用可能です。

iGPUの場合は、CPUとGPUの両方から読み書き可能なバッファを確保します。共有ストレージモードとこの点は同じです。

dGPUの場合は、CPUに最適化したバッファと、GPUに最適化したバッファの両方を確保します。この2つのバッファで内容を同期させて使用するストレージモードです。

iGPU/dGPUのどちらの場合でもアプリ側では、バッファの内容を変更したときに明示的に同期処理を実行する必要があります。dGPUの場合は、このときに2つのバッファの間でバッファ転送が行われます。

マネージドストレージモードはeGPUのときに効果を発揮します。eGPUで共有ストレージモードのバッファを使用すると、GPUがバッファにアクセスするまでに次のような経路をたどります。

◉eGPUから共有バッファまでのデータ経路

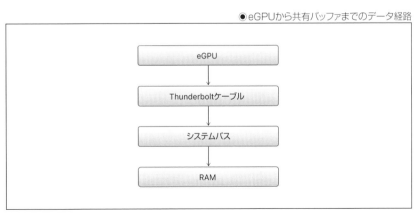

105

　システムバスで結合されたiGPU/dGPUと比較すると、eGPUは速度的に不利です。マネージ
ドストレージモードを使うと、作業中はeGPU側のVRAMのみを使用できるので、Thunderbolt
ケーブルを通過する回数を最低限に抑えることができます。どのタイミングでCPU/eGPUのバッ
ファを同期する必要があるかはMetalからはわからないので、明示的な同期処理が必要になり
ます。

◉マネージドストレージモードのイメージ

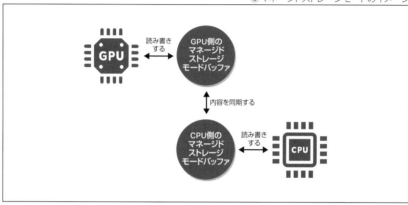

┃┃┃ バッファの確保

　CHAPTER 02とCHAPTER 03ですでにバッファの確保は行っています。ここではストレー
ジモードなどの指定方法について解説します。

　次のコードは、3つのストレージモード、それぞれでバッファを確保しているコードです。iOSで
はマネージドストレージモードがサポートされていないので、プレイグラウンド作成時に、macOS
を選択してください。

SAMPLE CODE

```
// SampleCode/CHAPTER04/04-05/Buffer.playground
import Metal

let device = MTLCreateSystemDefaultDevice()

// プライベートストレージモードで確保する
let privateBuffer = device?.makeBuffer(length: 1024,
                                       options: .storageModePrivate)

// 共有ストレージモードで確保する
let sharedBuffer = device?.makeBuffer(length: 1024,
                                      options: .storageModeShared)

// マネージドストレージモードで確保する
let managedBuffer = device?.makeBuffer(length: 1024,
                                       options: .storageModeManaged)
```

▶ **ストレージモードを指定する**

引数 `options` に確保するストレージモードを指定します。解説した3つのストレージモードを確保するための定数は次の通りです。

定数	説明
storageModePrivate	プライベートストレージモード
storageModeShared	共有ストレージモード
storageModeManaged	マネージドストレージモード

▌▌▌ プライベートストレージモードバッファの読み書き

Metalのコマンドエンコーダーには、ブリットコマンドエンコーダーというバッファ転送コマンドを扱うコマンドエンコーダーがあります。プライベートストレージモードのバッファは、CPUから直接読み書きすることができないため、ブリットコマンドエンコーダーを使用して読み書きします。

次のコードはプライベートストレージモードのバッファを読み書きする例です。GPU側で入力バッファに入っている数列の順序を逆転させます。結果をコンソールに出力します。入力して実行してみてください。

このコードはコマンドラインツールを想定しています。プロジェクトを作成するときに、`macOS` の `Command Line Tool` テンプレートを選択してください。

●「Command Line Tool」の選択

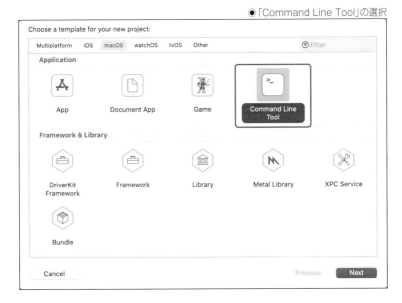

SAMPLE CODE

```
// SampleCode/CHAPTER04/04-06/Buffer/ShaderTypes.h
#ifndef SHADER_TYPES_H
#define SHADER_TYPES_H


enum
{
    kReverseIndexSrc    = 0,
    kReverseIndexDst    = 1,
    kReverseIndexCount  = 2,
};


#endif /* SHADER_TYPES_H */
```

SAMPLE CODE

```
// SampleCode/CHAPTER04/04-06/Buffer/Buffer-Bridging-Header.h
#ifndef BUFFER_BRIDGING_HEADER_H
#define BUFFER_BRIDGING_HEADER_H

#include "ShaderTypes.h"

#endif /* BUFFER_BRIDGING_HEADER_H */
```

SAMPLE CODE

```
// SampleCode/CHAPTER04/04-06/Buffer/Shader.metal
#include <metal_stdlib>
#include "ShaderTypes.h"

kernel void
reverseValues(constant int32_t *src [[buffer(kReverseIndexSrc)]],
              device int32_t *dst [[buffer(kReverseIndexDst)]],
              constant int32_t &count [[buffer(kReverseIndexCount)]],
              uint position [[thread_position_in_grid]])
{
    // 範囲外チェック
    if (position < (uint)count)
    {
        dst[position] = src[count - position - 1];
    }
}
```

SAMPLE CODE

```
// SampleCode/CHAPTER04/04-06/Buffer/main.swift
import Metal

class Compute {
```

▼

```
var device: MTLDevice? = nil
var cmdQueue: MTLCommandQueue? = nil

init() {
    if let device = MTLCreateSystemDefaultDevice() {
        self.device = device
        self.cmdQueue = device.makeCommandQueue()
    }
}

// GPUでの処理を行う
func execute(srcBuf: MTLBuffer, dstBuf: MTLBuffer, count: Int) {
    let cmdBuf = self.cmdQueue?.makeCommandBuffer()
    let encoder = cmdBuf?.makeComputeCommandEncoder()

    // パイプラインを作成する
    guard let pipeline = makeReversePipelin() else {
        return
    }

    encoder?.setComputePipelineState(pipeline)

    // コンピュートパスにバッファをセットする
    encoder?.setBuffer(srcBuf, offset: 0, index: kReverseIndexSrc)
    encoder?.setBuffer(dstBuf, offset: 0, index: kReverseIndexDst)

    var n = Int32(count)
    let countBuf = self.device?.makeBuffer(bytes: &n,
                                           length: MemoryLayout<Int32>.size,
                                           options: .storageModeShared)
    encoder?.setBuffer(countBuf, offset: 0, index: kReverseIndexCount)

    // 実行コマンドをエンコードする
    self.dispatch(encoder: encoder, pipeline: pipeline, count: count)

    encoder?.endEncoding()
    cmdBuf?.commit()

    // 完了待ち
    cmdBuf?.waitUntilCompleted()
}

// パイプライン状態オブジェクトを作成する
func makeReversePipelin() -> MTLComputePipelineState? {
    // カーネル関数を取得する
    let lib = self.device?.makeDefaultLibrary()
    guard let kernelFunc = lib?.makeFunction(name: "reverseValues") else {
```

04

デバイス

```
                  return nil
            }


            do {
                  return try self.device?.makeComputePipelineState(function: kernelFunc)
            } catch _ {
                  return nil
            }
      }


      // 実行コマンドをエンコードする
      func dispatch(encoder: MTLComputeCommandEncoder?,
                    pipeline: MTLComputePipelineState,
                    count: Int) {
            guard let device = self.device else {
                  return
            }


            let w = pipeline.threadExecutionWidth
            let perGroup = MTLSize(width: w, height: 1, depth: 1)


            if device.supportsFamily(.common3) {
                  // non-uniformスレッドグループに対応している
                  let perGrid = MTLSize(width: count, height: 1, depth: 1)
                  encoder?.dispatchThreads(perGrid, threadsPerThreadgroup: perGroup)
            } else {
                  // non-uniformスレッドグループに非対応
                  let groupsPerGrid = MTLSize(width: (count + w - 1) / w,
                                              height: 1, depth: 1)
                  encoder?.dispatchThreadgroups(groupsPerGrid,
                                                threadsPerThreadgroup: perGroup)
            }
      }


      // 入力バッファを作る
      func makeSrcBuffer(values: [Int32]) -> MTLBuffer? {
            // プライベートストレージモードのバッファを作成する
            let bufSize = MemoryLayout<Int32>.size * values.count
            let resultBuf = self.device?.makeBuffer(length: bufSize,
                                                    options: .storageModePrivate)


            // valuesの内容をコピーしたバッファを作る
            let options: MTLResourceOptions = [.storageModeShared,
                                               .cpuCacheModeWriteCombined]
            let tempBuf = self.device?.makeBuffer(bytes: values,
                                                  length: bufSize,
                                                  options: options)
```

▼

```
    // メモリコピーコマンドをエンコードする
    let cmdBuf = self.cmdQueue?.makeCommandBuffer()
    let encoder = cmdBuf?.makeBlitCommandEncoder()

    if resultBuf != nil && tempBuf != nil {
        encoder?.copy(from: tempBuf!, sourceOffset: 0,
                      to: resultBuf!, destinationOffset: 0,
                      size: bufSize)
    }

    encoder?.endEncoding()
    cmdBuf?.commit()

    return resultBuf
}

// 出力バッファを作る
func makeDstBuffer(count: Int) -> MTLBuffer? {
    // プライベートストレージモードのバッファを作成する
    let bufSize = MemoryLayout<Int32>.size * count
    return self.device?.makeBuffer(length: bufSize,
                                   options: .storageModePrivate)
}

// バッファからInt32の配列を読み込む
func makeInt32Array(buffer: MTLBuffer) -> [Int32] {
    // CPUから読めるテンポラリバッファを作る
    guard let tempBuf = self.device?.makeBuffer(
        length: buffer.length, options: .storageModeShared) else {
            return [Int32]()
    }

    // 出力バッファからテンポラリバッファへコピーする
    let cmdBuf = self.cmdQueue?.makeCommandBuffer()
    let encoder = cmdBuf?.makeBlitCommandEncoder()

    encoder?.copy(from: buffer, sourceOffset: 0,
                  to: tempBuf, destinationOffset: 0,
                  size: buffer.length)

    // コマンド実行
    encoder?.endEncoding()
    cmdBuf?.commit()

    // 完了待ち
    cmdBuf?.waitUntilCompleted()
```

▼

04
デバイス

▼

```
        // テンポラリバッファの内容を読み込む
        let count = buffer.length / MemoryLayout<Int32>.size
        var result = [Int32](repeating: 0, count: count)
        let bufPtr = tempBuf.contents().bindMemory(to: Int32.self,
                                              capacity: count)

        for i in 0 ..< count {
            result[i] = bufPtr[i]
        }

        return result
    }
}

struct Sample {
    static func main() {
        let compute = Compute()

        // 入力元の数列作成
        var srcArray = [Int32](repeating: 0, count: 100)
        for i in 0 ..< srcArray.count {
            srcArray[i] = Int32(i)
        }

        // 入力バッファを作成する
        guard let srcBuf = compute.makeSrcBuffer(values: srcArray) else {
            return
        }

        // 出力バッファを作成する
        guard let dstBuf = compute.makeDstBuffer(count: srcArray.count) else {
            return
        }

        // コンピュートパスを実行する
        compute.execute(srcBuf: srcBuf, dstBuf: dstBuf, count: srcArray.count)

        // 出力バッファから数列を取得する
        let dstArray = compute.makeInt32Array(buffer: dstBuf)

        // 数列を出力する
        for i in dstArray {
            print("\(i) ", separator: "", terminator: "")
        }

        // 改行出力
        print("")
```

▼

```
    }
}
```

```
// 実行
Sample.main()
```

このコードを実行すると、コンソールに99から0まで降順に値が出力されます。

```
99 98 97 96 95 94 93 92 91 90 89 88 87 86 85 84 83 82 81 80 79 78 77 76 75 74 73 72 71
70 69 68 67 66 65 64 63 62 61 60 59 58 57 56 55 54 53 52 51 50 49 48 47 46 45 44 43 42
41 40 39 38 37 36 35 34 33 32 31 30 29 28 27 26 25 24 23 22 21 20 19 18 17 16 15 14 13
12 11 10 9 8 7 6 5 4 3 2 1 0
```

▶ プライベートストレージモードのバッファへの書き込み

プライベートストレージモードのバッファへはCPUから直接書き込むことができません。そのため、ブリットコマンドエンコーダーを使って、共有ストレージモードやマネージドストレージモードのバッファからコピーするようにします。

まず、`MTLCommandBuffer` の `makeBlitCommandEncoder` メソッドを使ってブリットコマンドエンコーダーを作成します。

```
func makeBlitCommandEncoder() -> MTLBlitCommandEncoder?
```

バッファをコピーするには、**copy** メソッドを使ってコピーコマンドをエンコードします。

```
func copy(from sourceBuffer: MTLBuffer, sourceOffset: Int,
    to destinationBuffer: MTLBuffer, destinationOffset: Int, size: Int)
```

コンピュートパスやレンダーパスと同様にコマンドをエンコードしただけではコピーされません。コマンドのエンコードを完了して、コマンドバッファをGPUに送信します。非同期で実行されるので、必要に応じて完了待ちをします。

```
// コマンド実行
encoder?.endEncoding()
cmdBuf?.commit()

// 完了待ち
cmdBuf?.waitUntilCompleted()
```

このようなワンテンポ置くような書き込み方をするため、小さなバッファやCPUから頻繁に変更するようなバッファに対してはプライベートストレージモードは向いていません。著者の経験では、画像処理の画像データにはプライベートストレージモードを使った方が高速に処理できることが多く、画像処理のパラメータを入れた構造体などは共有ストレージモードを使った方が高速に処理できることが多いです。

▶ プライベートストレージモードのバッファからの読み込み

プライベートストレージモードのバッファはCPUから直接読み込むことができません。書き込みのときと同様に、共有ストレージモードなどで一時的なバッファを作成し、ブリットコマンドエンコーダーで内容をコピーします。一時的なバッファからコピーした内容を読み込みます。

共有ストレージモードバッファの読み書き

共有ストレージモードのバッファはCPUから直接読み書きできます。

次のコードは107ページの『プライベートストレージモードバッファの読み書き』のコードを共有ストレージモードのバッファに変更したコードの変更箇所です。バッファの読み書きを行っている場所以外は変更する必要はありません。入力して実行してみてください。

SAMPLE CODE

```swift
// SampleCode/CHAPTER04/04-07/Buffer/main.swift
import Metal

class Compute {
    // 省略

    // 入力バッファを作る
    func makeSrcBuffer(values: [Int32]) -> MTLBuffer? {
        // valuesの内容をコピーしたバッファを作る
        let options: MTLResourceOptions = [.storageModeShared,
                                           .cpuCacheModeWriteCombined]
        let bufSize = MemoryLayout<Int32>.size * values.count
        let resultBuf = self.device?.makeBuffer(bytes: values,
                                                length: bufSize,
                                                options: options)
        return resultBuf
    }

    // 出力バッファを作る
    func makeDstBuffer(count: Int) -> MTLBuffer? {
        // 共有ストレージモードのバッファを作成する
        let bufSize = MemoryLayout<Int32>.size * count
        return self.device?.makeBuffer(length: bufSize,
                                       options: .storageModeShared)
    }

    // バッファからInt32の配列を読み込む
    func makeInt32Array(buffer: MTLBuffer) -> [Int32] {
        let count = buffer.length / MemoryLayout<Int32>.size
        var result = [Int32](repeating: 0, count: count)
        let bufPtr = buffer.contents().bindMemory(to: Int32.self,
                                                  capacity: count)
        for i in 0 ..< count {
```

```
            result[i] = bufPtr[i]
        }

        return result
    }
}

// 省略
```

　このようにストレージモードを変更しても、バッファの読み書き以外のコードを変更する必要が
ないので、どのモードがいいか不明なときには、ストレージモードを変更しながら計測して、最
も高速に処理できるモードを選択するとよいでしょう。

■ マネージドストレージモードバッファの読み書き

　マネージドストレージモードのバッファはCPUから直接読み書きできます。しかし、CPUと
GPUの両方にメモリが確保されるので、2つのメモリ間での同期が必要になります。

　次のコードは107ページの『プライベートストレージモードバッファの読み書き』のコードを、マ
ネージドストレージモードのバッファに変更したコードの変更箇所です。バッファの読み書きを
行っている場所以外は変更する必要はありません。入力して実行してみてください。

SAMPLE CODE

```swift
// SampleCode/CHAPTER04/04-08/Buffer/main.swift
import Metal

class Compute {
    // 省略

    // 入力バッファを作る
    func makeSrcBuffer(values: [Int32]) -> MTLBuffer? {
        let options: MTLResourceOptions = [.storageModeManaged,
                                           .cpuCacheModeWriteCombined]
        let bufSize = MemoryLayout<Int32>.size * values.count

        let resultBuf = self.device?.makeBuffer(length: bufSize,
                                                 options: options)
        if let bufPtr = resultBuf?.contents().bindMemory(to: Int32.self,
                                                         capacity: values.count) {
            for (i, value) in values.enumerated() {
                bufPtr[i] = value
            }
        }

        // 同期処理。CPU側の変更をGPU側のメモリに反映させる
        resultBuf?.didModifyRange(0 ..< bufSize)
```

```
            return resultBuf
    }

    // 出力バッファを作る
    func makeDstBuffer(count: Int) -> MTLBuffer? {
        // 共有ストレージモードのバッファを作成する
        let bufSize = MemoryLayout<Int32>.size * count
        return self.device?.makeBuffer(length: bufSize,
                                   options: .storageModeManaged)
    }

    // バッファからInt32の配列を読み込む
    func makeInt32Array(buffer: MTLBuffer) -> [Int32] {
        // 同期処理。GPU側の変更をCPU側のメモリに反映させる
        let cmdBuf = self.cmdQueue?.makeCommandBuffer()
        let encoder = cmdBuf?.makeBlitCommandEncoder()

        encoder?.synchronize(resource: buffer)
        encoder?.endEncoding()
        cmdBuf?.commit()
        cmdBuf?.waitUntilCompleted()

        let count = buffer.length / MemoryLayout<Int32>.size
        var result = [Int32](repeating: 0, count: count)
        let bufPtr = buffer.contents().bindMemory(to: Int32.self,
                                            capacity: count)

        for i in 0 ..< count {
            result[i] = bufPtr[i]
        }

        return result
    }
}

// 省略
```

▶ マネージドストレージモードのバッファへのCPU側からの書き込み

　マネージドストレージモードのバッファへCPU側から書き込むには、共有ストレージモードと同様に、**contents** メソッドで取得したバッファに書き込みます。

　共有ストレージモードのバッファと異なるのは書き込んだ後です。CPU側のメモリに対して行った変更をGPU側のメモリに反映させる必要があります。変更を反映させるには、**MTLBuffer** の **didModifyRange** メソッドを使用します。

```
func didModifyRange(_ range: Range<Int>)
```

引数には変更した範囲を指定します。反映する範囲を変更範囲に絞り込むことができるので、最小限のオーバーヘッドで済ませることができます。

なお、共有ストレージモードで使った、バッファの内容を指定可能な `makeBuffer` メソッドでバッファを作った場合は同期されているので、`didModifyRange` メソッドによる明示的な同期処理は不要です。しかし、その後に `contents` メソッドで取得したバッファに書き込みを行った場合は、同期処理が必要です。

同期処理はパフォーマンス低下を招く可能性があるので、最小限の回数で済むように、最後に行うようにしてください。

▶ マネージドストレージモードのバッファからの読み込み

マネージドストレージモードのバッファから読み込むには、共有ストレージモードと同様に、`contents` メソッドで取得したバッファから読み込みます。

共有ストレージモードのバッファと異なるのは、読み込む前です。読み込む前にGPU側で行った変更をCPU側のメモリに対して反映させるため、明示的な同期処理が必要です。GPU側の変更を反映させるには、`MTLBlitCommandEncoder` の `synchronize` メソッドを使用します。

```
func synchronize(resource: MTLResource)
```

`MTLBlitCommandEncoder` を使うことからわかるように、同期処理はGPU側で実行されます。そのため、メモリコピーなどと同様に、次のような手順で行う必要があります。

1 コマンドバッファを作る。
2 ブリットコマンドエンコーダーを作る。
3 同期コマンドをエンコードする。
4 コマンドを実行する。
5 コマンド完了待ちをする。

これらの処理を行っているのが、`makeInt32Array` メソッドの次のコードです。

```
// 同期処理。GPU側の変更をCPU側のメモリに反映させる
let cmdBuf = self.cmdQueue?.makeCommandBuffer()
let encoder = cmdBuf?.makeBlitCommandEncoder()

encoder?.synchronize(resource: buffer)
encoder?.endEncoding()
cmdBuf?.commit()
cmdBuf?.waitUntilCompleted()
```

CHAPTER 05

デバッグ・チューニング
支援機能

Xcodeのシェーダーデバッグ機能

GPUで実行されるシェーダーは通常のデバッガが使用できません。たとえば、Xcode上でブレークポイントを設定して、プログラムを一時停止して、値を見ながらステップ実行するといったことができません。

シェーダーのデバッグにはシェーダー専用のデバッグ機能を使います。Xcodeにはシェーダー専用のデバッグ機能が搭載されています。

||| Xcodeのシェーダーデバッグ機能を使う

Xcodeのシェーダーデバッグ機能を使うためには、シェーダー用のデバッグ情報が必要です。プロジェクトのビルド設定でビルドする度に自動的に生成されるように設定します。

本書の手順で作成したプロジェクトファイルの場合はすでにデフォルトでそのように設定されているはずです。しかし、既存のプロジェクトにMetalを導入する場合に設定されていない可能性もあります。設定方法は次の通りです。

❶ プロジェクトナビゲータでプロジェクトを選択して、プロジェクトの設定を表示します。

❷ 「Build Settings」タブを表示します。

❸ 検索ボックスに「debug」と入力して項目を絞り込みます。

❹ 表示対象が「Basic」や「Customized」になっている場合は「All」を選択します。

❺ 「Metal Compiler - Build Options」の「Produce Debugging Information」の値を次のように設定します。

Configuration	Value
Debug	Yes, include source code
Release	No

●「Produce Debugging Information」の値を設定する

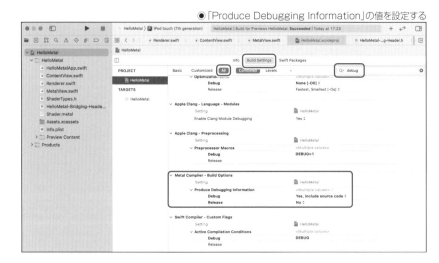

配布されるアプリにはデバッグ情報は含まれるべきではありません。そのため、「Release」用の設定は「No」に設定し、デバッグ情報が生成されないようにします。

▌▌▌ GPUフレームキャプチャのON／OFF切り替え

GPUフレームキャプチャは、Metalを使ってGPU上で実行したコマンドやそのときのデータを記録する機能です。GPUで実行されるコマンドをブレークポイントで止めることはできませんが、GPUフレームキャプチャを使用することで、実行された内容の記録を取得することができます。

GPUフレームキャプチャはデフォルトでONになっています。GPUフレームキャプチャがONになっているとパフォーマンスが落ちるという弊害があります。パフォーマンスをチェックしたいときにはOFFにするべきです。ON／OFFを切り替えるには次のように操作します。

❶ Xcodeのプロジェクトウィンドウのツールバーのアクティブスキームボタンから「Edit Scheme」を選択します。

●「Edit Shceme」の選択

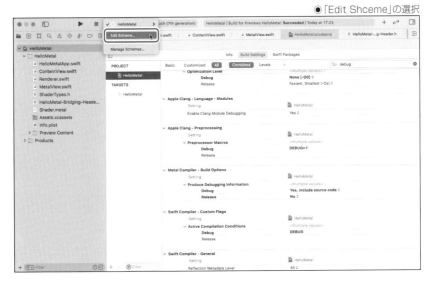

❷ シートの左側のスキームリストから「Run」を選択します。

●「Run」の選択

❸「Options」タブを開き、「GPU Frame Capture」から設定を切り替えます。

●「Options」タブ

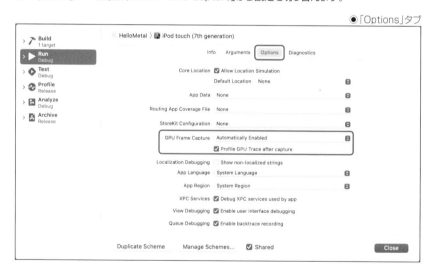

Vertex関数のデバッグ

Xcodeのフレームキャプチャ機能を使い、Vertex関数で生成された頂点の座標を調べることができます。ここでは、CHAPTER 02で作成した「HelloMetal」を使って解説します。本書を見ながら、実際に操作してみてください。

▌▌▌ GPUフレームキャプチャを表示する

GPUフレームキャプチャを表示してみましょう。次のように操作してください。

❶ CHAPTER 02で作成した「HelloMetal」を実行します。シミュレーター上でアプリが実行されて表示されるまで待ちます。

◉シミュレーターでのアプリの実行

❷ プロジェクトウインドウの「Capture GPU frame」ボタン(カメラアイコンのボタン)をクリックします。

デバッグ・チューニング支援機能

● 「Capture GPU frame」ボタン

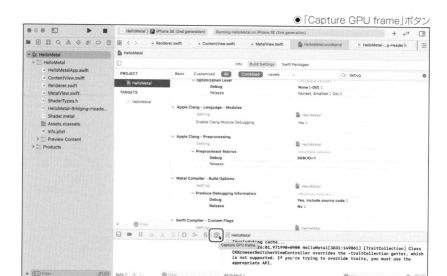

● GPUフレームキャプチャ

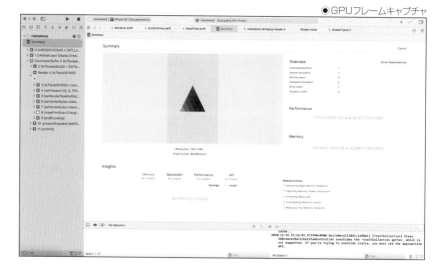

⫾ Vertex関数を表示する

　GPUフレームキャプチャを表示すると、初期状態でコールリストから「Summary」が選択されています。「HelloMetal」のコードを再度見てみましょう。三角形を描画しているコードは次のようになっていました。

```
// 三角形を描画する
encoder.drawPrimitives(type: .triangle, vertexStart: 0, vertexCount: 3)
```

コールリストから、「Command Buffer」の「Render」の「[drawPrimitives:Triagle vertex
Start:0 vertexCount:3]」という項目を選択してください。上記のコードに対するGPUコマンド
の記録が表示されます。編集エリアには「Vertex」「Fragment」「Attachments」という項目
が表示されています。これはレンダーパスの各ステージです。

「Vertex」の「vertexShader」をダブルクリックしてください。Vertex関数のコードにジャン
プします。また、右側のプレビューに、vertexShader 関数が生成したジオメトリが表示され
ます。このプレビューは「Vertex」の「Geometry」をダブルクリックしても表示されます。

●vertexShader関数

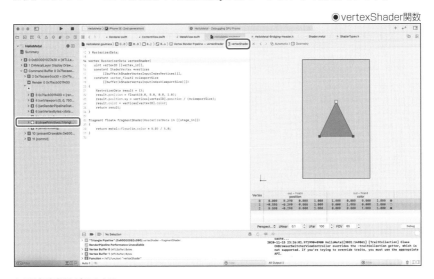

▶ 頂点座標を表示する

右側のプレビューエリアに注目してください。上側にジオメトリのプレビュー、下側に vertex
Shader 関数の出力データがテーブル表示されます。 vertexShader 関数の出力データ
は次のような構造体です。

```
// Vertex関数が出力するデータの型定義
typedef struct {
    // 座標
    float4 position [[position]];

    // 色
    float4 color;

} RasterizerData;
```

この構造体の position 、color がテーブルに表示されています。さらに color の列に
は色のプレビューが小さな円形で行内に表示されています。 position に表示される値は
vertexShader 関数が出力した値なので、viewportSize で割った後の値です。

ジオメトリプレビュー内の頂点はクリック可能です。選択した頂点が出力データテーブルでも選択されます。これにより視覚的に頂点を確認することもでき、実際の値も確認することができます。

意図しない形が表示されたときにも、座標を確認することが可能です。

▌▌▌ Vertex関数の入力データを表示する

Vertex関数に入力されたデータを表示してみましょう。コールリストから「[drawPrimitives: Triagle vertexStart:0 vertexCount:3]」を選択してください。 `vertexShader` 関数の引数 `vertices` と `viewportSize` が入力データです。「Vertex」の「Vertex Bytes」がこの2つの引数に渡されたバッファです。「Parameter Name」の列に引数名が表示されています。

「vertices」の行をダブルクリックしてください。渡された3つの頂点のデータが表示されます。

● 「vertices」に渡されたバッファの内容

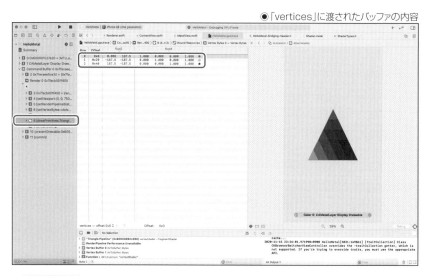

`vertices` に渡されるバッファは次のように定義された構造体です。

```
typedef struct
{
    vector_float2 position;
    vector_float4 color;

} ShaderVertex;
```

テーブルを確認すると3行あります。3つの頂点それぞれの座標と色が確認できます。

コマンドリストで「[drawPrimitives:Triangle vertexStart:0 vertexCount:3]」をクリックして一覧に戻り、「viewportSize」の行をダブルクリックして `viewportSize` の入力データを表示してください。

●「viewportSize」に渡されたバッファの内容

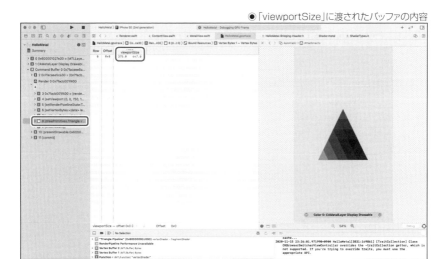

テーブルを確認すると1行だけです。入力データを渡している処理のコードを確認してみましょう。次のようになっています。

```
var vpSize = vector_float2(Float(self.viewportSize.width / 2.0),
                          Float(self.viewportSize.height / 2.0))
encoder.setVertexBytes(&vpSize,
                    length: MemoryLayout<vector_float2>.size,
                    index: kShaderVertexInputIndexViewportSize)
```

このコードで渡している **vector_float2** は1つだけです。 **setVertexBytes** メソッドの引数 **length** に渡している長さは **vector_float2** の長さです。

このように、GPUフレームキャプチャを使うと、Vertex関数に渡された入力データとVertex関数によって生成された出力データを両方とも確認することができます。また、Vertex関数によって作成されたジオメトリの形状を視覚的にも確認できます。

05
デバッグ・チューニング支援機能

Fragment関数のデバッグ

XcodeのGPUフレームキャプチャ機能はFragment関数のデバッグにも使用可能です。

▌▌▌Fragment関数を表示する

Vertex関数のときと同様の手順で「HelloMetal」のGPUフレームキャプチャを表示します。「Fragment」の中の「fragmentShader」をダブルクリックしてください。「fragmentShader」の「Type」には「Fragment Function」と表示されています。 `fragmentShader` 関数のコードにジャンプします。

●「fragmentShader」をダブルクリック

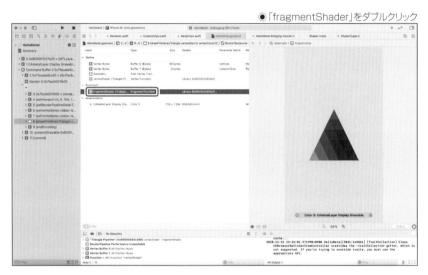

●「fragmentShader」関数のコード

▌▌▌ピクセル値を表示する

　Fragmentステージを通過して出力された各ピクセルのピクセル値を確認してみましょう。次のように操作します。

❶ エディタエリアの右側に「Attachments」が表示されていない場合は、右側のエディタエリアの上部にあるプレビューの切り替えを使って、「Automatic」→「Attachments」を選択してください。

●「Attachments」の選択

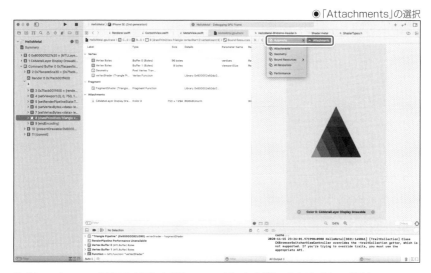

❷「Attachments」表示の右下にある「Inspect Pixels」ボタンをクリックしてください。

●「Inspect Pixels」ボタンをクリック

❸ ピクセルを拡大表示する円形のビューが表示されるので、ドラッグしてピクセル値を調べたいピクセルまで移動します。たとえば、右下の頂点付近を表示してみましょう。

●右下の頂点付近

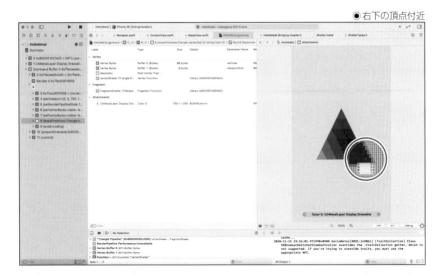

　ピクセル値がRGBAの各成分に分解されて表示されます。インスペクターを使用することで生成されたシーンの色を調べることができます。意図しない色になっていないかや変な色が見えているときに、そのピクセル値がどのようになっているのかを調べることができます。

　また、「Inspect Pixels」ボタンの左側に表示されている値は、インスペクタで表示しているピクセルの座標です。座標を入力して、特定の座標のピクセルの色を確認できます。

コンピュートカーネル関数のデバッグ

　GPUフレームキャプチャを使って、コンピュートパスに使用するコンピュートカーネル関数の入出力データを取得することもできます。

▌▌▌ コンピュートカーネルのGPUフレームキャプチャを取得する

　コンピュートパスのGPUフレームキャプチャの取得は、レンダーパスでの取得と少しだけ異なります。コンピュートパスの場合は、GPUフレームキャプチャボタンをクリックして記録状態にしてから、コンピュートパスを動かし、再度ボタンを押して停止するという操作を行います。

　ここでは、CHAPTER 04でnon-uniformスレッドグループの処理を追加した「HelloCompute」を使用して generateKuku 関数のGPUフレームキャプチャを取得してみましょう。次のように操作します。

❶ 「HelloCompute」をシミュレータで実行します。

❷ 「Capture GPU frame」ボタンをクリックします。

❸ 数秒待つと、ボタンの中央が録画をしているかのような表示になり、プロジェクトウインドウ上部のメッセージエリアには「HelloCompute - Capturing GPU frame: No capture boundary detected...」と表示されます。

●GPUフレームキャプチャ中

❹ シミュレータ上で「Run Compute Pass」ボタンをタップして、コンピュートパスを動かします。

デバッグ・チューニング支援機能

◉「Run Compute Pass」ボタンをタップする

❺ 数回タップすると、Xcodeのメッセージエリアに「HelloCompute - Capturing GPU frame: 5 command buffer captured」のように、キャプチャできたコマンド数が表示されます。

❻「Capture GPU frame」ボタンをクリックして、キャプチャを停止します。すると、Vertex関数のときと同様にキャプチャした情報が表示されます。

◉ キャプチャした情報

▌▌▌ コンピュートカーネルの入力データを表示する

「HelloCompute」の **generateKuku** 関数のコードを改めて見てみましょう。次のように操作します。

❶ コールリストから「Command Buffer」の「Compute」の「[dispatchThreadgroups:{1,2,1} threadsPerThreadgroup:{64,8,1}]」を選択します。

❷ 「generateKuku」をダブルクリックします。

◉「generateKuku」関数にジャンプ

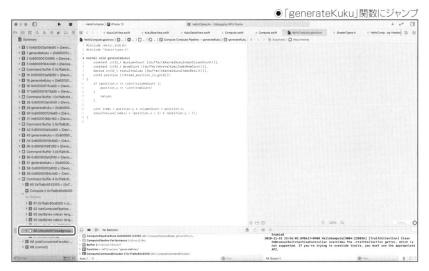

入力データのバッファは、順に **columnCount**、**rowCount** です。値はどちらも32ビット符号付き整数で9です。コールリストから「[dispatchThreadgroups:{1,2,1} threadsPerThreadgroup:{64,8,1}]」を再選択し、キャプチャした情報のテーブルを表示し、「ComputeBytes」の「columnCount」をダブルクリックしてください。

◉「Compute Bytes」の「columnCount」をダブルクリック

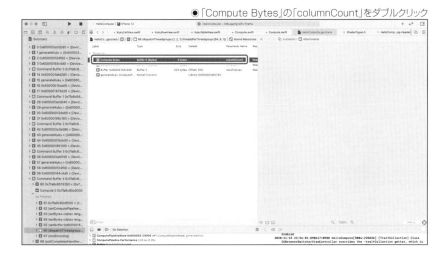

9 が表示され、「columnCount」の列のヘッダには「int」と型も表示されます。ただし、古いバージョンのXcodeでは型が認識されずに、期待していた表示にならないことがありました。もし、型が「int」と表示されず、「float」などと表示され、正しく認識されていないときは、以下の手順で表示する型を変更することができます。

❶ テーブルの下側に表示されている「columnCount - offset 0x0」をクリックします。

● 「columnCount - offset 0x0」をクリック

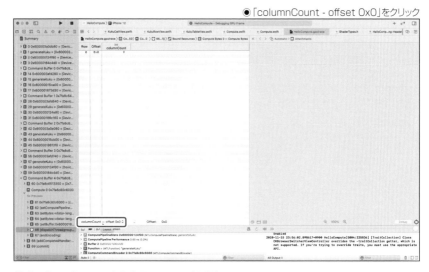

❷ポップアップメニューから表示させたい型を選択します。

● 任意の型を選択する

コンピュートカーネルの出力データを確認する

generateKuku 関数の出力データも確認してみましょう。出力データは九九の表に表示する値の配列です。次のように操作してください。

❶ 「Buffer」の「resultValues」をダブルクリックします。

● 「resultValues」をダブルクリック

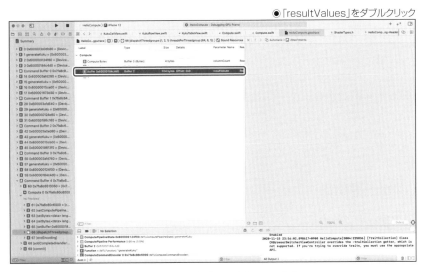

❷ すると、「resultValues」に格納された出力データが表示されます。

● 「resultValues」の出力データ

　このように、コンピュートカーネルの入出力データも取得できます。入出力データが取得できれば、最終的な計算がおかしいときにも、コンピュートパスのコンピュートカーネル関数のどれが間違った値を出力したのか調べることができ、デバッグには効果的です。

アニメーションのデバッグ

「HelloMetal」や「HelloCompute」は静止したデータ、つまり、時間が経っても変化しないデータです。しかし、アニメーションをMetalで行えば、時間とともに変化していく動的なデータをデバッグする必要があります。GPUフレームキャプチャは変化していく値に対しても有効な機能です。

CHAPTER 02の「HelloCompute」をもとにして、アニメーション処理を実装します。「HelloCompute」では **MTKView** を使用しています。**MTKView** はデフォルトの設定では **MTKView Delegate** の **draw(in:)** メソッドを高頻度で呼びます。**draw(in:)** メソッドはレンダーパスを実行するので、次のいずれかの方法でアニメーションを行うことができます。

- 「draw(in:)」メソッドで頂点座標や色を変更する
- シェーダー内で頂点座標や色を変更する

ここでは、後者の方法で行います。

▌背景色を変更する

CHAPTER 02で作成した「HelloMetal」は **MTKView** の **clearColor** プロパティを使って背景色を変更しました。CHAPTER 02で設定した色よりも黒の単色の方が見やすいので、背景色を黒に変更します。**MetalView.swift** のコードを次のように変更します。

SAMPLE CODE

```
// SampleCode/CHAPTER05/05-01/HelloMetal/MetalView.swift
import SwiftUI
import MetalKit

struct MetalView: UIViewRepresentable {
    typealias UIViewType = MTKView

    func makeUIView(context: Context) -> MTKView {
        let view = MTKView()
        view.device = MTLCreateSystemDefaultDevice()
        view.delegate = context.coordinator

        // clearColorに設定する色を変更する
        view.clearColor = MTLClearColor(red: 0.0, green: 0.0,
            blue: 0.0, alpha: 1.0)

        // 省略
    }

    // 省略
}
// 省略
```

||| 経過時間をVertex関数に渡す

シェーダーで頂点座標や色を変更するときに、何をもとにして新しい値を計算するかを考える必要があります。インタラクティブなアプリであればユーザーからの操作やオプション設定などがあります。ここでは、アプリを開始してからの経過時間をもとに計算するコードにしたいと思います。

シェーダーに経過時間を渡せるようにするため、引数を追加します。まずは、引数テーブルのインデックス番号定義を追加しましょう。**ShaderTypes.h** ファイルに定義を追加してください。

```
SAMPLE CODE
// SampleCode/CHAPTER05/05-02/HelloMetal/ShaderTypes.h
#ifndef SHADER_TYPES_H
#define SHADER_TYPES_H

#include <simd/simd.h>

enum
{
    kShaderVertexInputIndexVertices     = 0,
    kShaderVertexInputIndexViewportSize = 1,

    // 次の行を追加する
    kShaderVertexInputIndexPastTime     = 2,
};

typedef struct
{
    vector_float2 position;
    vector_float4 color;

} ShaderVertex;

#endif /* SHADER_TYPES_H */
```

経過秒数を取得する処理とVertex関数に経過秒数を渡す処理を追加します。**Renderer.swift** に次のようにコードを追加してください。

```
SAMPLE CODE
// SampleCode/CHAPTER05/05-02/HelloMetal/Renderer.swift
import Foundation
import MetalKit

class Renderer: NSObject, MTKViewDelegate {
    // 省略

    // 次のプロパティを追加する
    var startDate: Date? = nil
```

▼

```swift
// 省略
func draw(in view: MTKView) {
    guard let cmdBuffer = self.commandQueue?.makeCommandBuffer() else {
        return
    }

    guard let renderPassDesc = view.currentRenderPassDescriptor else {
        return
    }

    guard let encoder = cmdBuffer.makeRenderCommandEncoder(
        descriptor: renderPassDesc) else {
        return
    }

    // 次のように経過時間を取得するコードを追加する

    // 最初のフレームを表示してからの経過時間を取得する
    var pastTime: Float = 0.0
    if let date = self.startDate {
        pastTime = Float(-date.timeIntervalSinceNow)
    } else {
        self.startDate = Date()
    }

    encoder.setViewport(MTLViewport(originX: 0, originY: 0,
                            width: Double(self.viewportSize.width),
                            height: Double(self.viewportSize.height),
                            znear: 0.0, zfar: 1.0))

    if let pipeline = self.pipelineState {
        // パイプライン状態オブジェクトを設定する
        encoder.setRenderPipelineState(pipeline)

        // Vertex関数に渡す引数を設定する
        encoder.setVertexBytes(self.vertices,
                        length: MemoryLayout<ShaderVertex>.size *
                            self.vertices.count,
                        index: kShaderVertexInputIndexVertices)

        var vpSize = vector_float2(Float(self.viewportSize.width / 2.0),
                            Float(self.viewportSize.height / 2.0))
        encoder.setVertexBytes(&vpSize,
                        length: MemoryLayout<vector_float2>.size,
                        index: kShaderVertexInputIndexViewportSize)
```

```
        // 次のように上で求めた経過時間を渡すコードを追加する
        encoder.setVertexBytes(&pastTime,
                               length: MemoryLayout<Float>.size,
                               index: kShaderVertexInputIndexPastTime)

        // 三角形を描画する
        encoder.drawPrimitives(type: .triangle, vertexStart: 0, vertexCount: 3)
    }

    encoder.endEncoding()

    if let drawable = view.currentDrawable {
        cmdBuffer.present(drawable)
    }

    cmdBuffer.commit()
    }

    // 省略
}
```

これで、レンダーパスを開始してからの経過秒数をシェーダーに渡すことができました。

頂点の回転と色を変化させる

シェーダー側で経過秒数を取得できるようになりました。シェーダー側では経過秒数を使って、時間によって頂点の座標と色を変化させます。ここでは次のような処理をシェーダーに実装します。

- 20秒で1回転する速度で頂点を回転させる
- 20秒で1回転する速度で頂点の色の色相を変化させる(色相環を1回転するイメージ)

Shader.metal に次のコードを書いてください。なお、ここでは本書の範囲外となってしまうので、幾何変形や画像処理自体の解説には踏み込みません。興味がある方はそれぞれの専門書をご覧ください。

SAMPLE CODE

```
// SampleCode/CHAPTER05/05-03/HelloMetal/Shader.metal
#include <metal_stdlib>
#include <metal_matrix>
#include "ShaderTypes.h"

// Vertex関数が出力するデータの型定義
typedef struct {
    // 座標
    float4 position [[position]];
```

デバッグ・チューニング支援機能

```
    // 色
    float4 color;

} RasterizerData;

vertex RasterizerData vertexShader(
    uint vertexID [[vertex_id]],
    constant ShaderVertex *vertices
    [[buffer(kShaderVertexInputIndexVertices)]],
    constant vector_float2 *viewportSize
    [[buffer(kShaderVertexInputIndexViewportSize)]],
    constant float &pastTime
    [[buffer(kShaderVertexInputIndexPastTime)]])
{
    // 回転角度を計算する。20秒で1回転とする
    int intVal = 0;
    float angle = 360.0 * metal::fmod(pastTime / 20.0, intVal);

    // ラジアンに変換する
    angle = angle / 360.0 * 2.0 * M_PI_F;

    // 回転行列を作る
    metal::float2x2 rotation =
        metal::float2x2(metal::cos(angle), metal::sin(angle),
                        -metal::sin(angle), metal::cos(angle));

    // 回転行列を適用する
    RasterizerData result = {};
    result.position = float4(0.0, 0.0, 0.0, 1.0);
    result.position.xy = vertices[vertexID].position * rotation / (*viewportSize);

    // RGB->YCCに変換する
    float4 rgb = vertices[vertexID].color;
    float y  = 0.3 * rgb.x + 0.59 * rgb.y + 0.11 * rgb.z;
    float c1 = 0.7 * rgb.x - 0.59 * rgb.y - 0.11 * rgb.z;
    float c2 = -0.3 * rgb.x - 0.59 * rgb.y + 0.89 * rgb.z;

    // 色差(c1とc2)から色相と彩度を計算する
    float hue = metal::atan2(c1, c2);
    float sat = metal::sqrt(metal::pow(c1, 2) + metal::pow(c2, 2));

    // 色相を回転させる
    hue += angle;

    // 色差を計算する
    c1 = sat * metal::sin(hue);
```

```
    c2 = sat * metal::cos(hue);

    // YCC->RGBに変換する
    float r = metal::max(0.0, metal::min(1.0, y + c1));
    float g = metal::max(0.0,
        metal::min(1.0, y - 0.3 / 0.59 * c1 - 0.11 / 0.59 * c2));
    float b = metal::max(0.0, metal::min(1.0, y + c2));
    result.color = float4(r, g, b, rgb.z);

    return result;
}


fragment float4 fragmentShader(RasterizerData in [[stage_in]])
{
    return in.color;
}
```

▶頂点の回転

　頂点の回転はアフィン変換を使用します。回転角度は20秒で1回転する速度としましたので、経過秒数から次の式で計算できます。

```
int intVal = 0;
float angle = 360.0 * metal::fmod(pastTime / 20.0, intVal);
```

　pastTime / 20.0 で何回転するのかを計算しています。さらに小数点以下だけを取得して、**360.0** に掛け合わせることで回転角度が出ます。これは、たとえば、**2.1** 回転も **0.1** 回転も絵としては同じ回転角度になるからです。もちろん、整数部分も使ってもよいのですが、長時間動かしていくと、どんどん数値が大きくなってしまうので、小数点以下だけを使っています。

　回転行列を作ります。ここでは2次元の行列を使いました。2次元の回転行列は回転角度を **r** とすると、次のようになります。

$$\begin{pmatrix} cos(r) & sin(r) \\ -sin(r) & cos(r) \end{pmatrix}$$

　sin 関数と **cos** 関数に渡す角度はラジアンを使用します。度からラジアンへの変換は次の式でできます。

$$r = angle/360.0 * 2.0 * \pi$$

　コードの次の部分がラジアンへの変換と回転行列の作成です。

```
// ラジアンに変換する
angle = angle / 360.0 * 2.0 * M_PI_F;

// 回転行列を作る
metal::float2x2 rotation =
```

```
metal::float2x2(metal::cos(angle), metal::sin(angle),
                -metal::sin(angle), metal::cos(angle));
```

▼

頂点に回転行列を掛け合わせると回転後の座標を計算できます。計算した値をVertex
関数の出力とします。

```
// 回転行列を適用する
RasterizerData result = {};
result.position = float4(0.0, 0.0, 0.0, 1.0);
result.position.xy = vertices[vertexID].position * rotation / (*viewportSize);
```

▶ 色相を使った色の変化

色は色相環を回転させるようにして変化させます。回転させる角度は頂点の回転角度と同
じとします。色の色相を計算するには、RGBからYCCに変換します。YCCは輝度（Y）と色差
（C1とC2）を使った色の表現方法です。変換するには次の式を使います。

$$Y = 0.3 * R + 0.59 * G + 0.11 * B$$
$$C_1 = 0.7 * R - 0.59 * G - 0.11 * B$$
$$C_2 = -0.3 * R - 0.59 * G + 0.89 * B$$

コードでは次の部分です。

```
// RGB->YCCに変換する
float4 rgb = vertices[vertexID].color;
float y  = 0.3 * rgb.x + 0.59 * rgb.y + 0.11 * rgb.z;
float c1 = 0.7 * rgb.x - 0.59 * rgb.y - 0.11 * rgb.z;
float c2 = -0.3 * rgb.x - 0.59 * rgb.y + 0.89 * rgb.z;
```

色差から色相と彩度を計算できます。計算式は次の通りです。

$$hue = \arctan(\frac{C_1}{C_2})$$
$$sat = \sqrt{C_1^2 + C_2^2}$$

コードでは次の部分です。

```
float hue = metal::atan2(c1, c2);
float sat = metal::sqrt(metal::pow(c1, 2) + metal::pow(c2, 2));
```

ここでも使用するのはラジアンです。すでに回転行列を作るときに **angle** にラジアンでの
角度を入れてあるので、色相に足します。

```
hue += angle;
```

これで色相環での回転ができました。出力するためにはRGBに戻す必要があります。その
ためには、色相と彩度から色差に変換します。変換式は次の通りです。

$$C_1 = sat * \sin(hue)$$
$$C_2 = sat * \cos(hue)$$

コードでは次のようになります。

```
c1 = sat * metal::sin(hue);
c2 = sat * metal::cos(hue);
```

YCCからRGBに変換して出力します。変換式は次の通りです。

$$R = Y + C_1$$
$$G = Y - \frac{0.3}{0.59}C_1 - \frac{0.11}{0.59}C_2$$
$$B = Y + C_2$$

コードでは次のようになります。計算した値が範囲外の値にならないように丸め込みを行う処理も行っています。

```
// YCC->RGBに変換する
float r = metal::max(0.0, metal::min(1.0, y + c1));
float g = metal::max(0.0,
    metal::min(1.0, y - 0.3 / 0.59 * c1 - 0.11 / 0.59 * c2));
float b = metal::max(0.0, metal::min(1.0, y + c2));
result.color = float4(r, g, b, rgb.z);
```

複数のGPUフレームキャプチャを取得する

XcodeのGPUフレームキャプチャボタンを使ったフレームキャプチャは、押した瞬間のフレームを取得するだけなので、アニメーションの連続した変化を取得するということができません。連続した複数のフレームを取得するには、コード上でフレームの記録開始／終了を制御します。

`Renderer.swift` にフレームキャプチャの記録開始メソッドと記録停止メソッドを追加します。次のようにコードを追加してください。

SAMPLE CODE

```
// SampleCode/CHAPTER05/05-04/HelloMetal/Renderer.swift
import Foundation
import MetalKit

class Renderer: NSObject, MTKViewDelegate {
    let parent: MetalView
    var commandQueue: MTLCommandQueue?
    var pipelineState: MTLRenderPipelineState?
    var viewportSize: CGSize = CGSize()
    var vertices: [ShaderVertex] = [ShaderVertex]()
    var startDate: Date? = nil

    // 次のプロパティを追加する
    var isRunningCapture: Bool = false
```

```
// 省略

// GPUフレームキャプチャを開始する
func startFrameCapture(device: MTLDevice) {
    if self.isRunningCapture {
        return
    }

    let desc = MTLCaptureDescriptor()
    desc.captureObject = device

    do {
        let manager = MTLCaptureManager.shared()
        try manager.startCapture(with: desc)
        self.isRunningCapture = true
    } catch {

    }
}

// GPUフレームキャプチャを停止する
func stopFrameCapture() {
    if self.isRunningCapture {
        MTLCaptureManager.shared().stopCapture()
        self.isRunningCapture = false;
    }
}
}
```

次に、追加したメソッドを呼ぶボタンを作ります。 ContentView.swift を編集し、フレームキャプチャの開始／停止ボタンを追加します。次のようにコードを編集してください。

SAMPLE CODE

```
// SampleCode/CHAPTER05/05-04/HelloMetal/ContentView.swift
import SwiftUI

struct ContentView: View {
    @State var isRunningCapture: Bool = false

    var body: some View {
        VStack {
            MetalView(isRunningCapture: $isRunningCapture)
            Button(action: {
                self.isRunningCapture = !self.isRunningCapture
            }) {
                if self.isRunningCapture {
```

```
                    Text("Stop Capture")
                } else {
                    Text("Start Capture")
                }
            }
        }
    }
}

struct ContentView_Previews: PreviewProvider {
    static var previews: some View {
        ContentView()
    }
}
```

05

デバッグ・チューニング支援機能

さらに、**MetalView.swift** に **startFrameCapture()** メソッドと **stopFrameCapture
()** メソッドを実行する処理を追加する必要があります。次のようにコードを編集してください。

SAMPLE CODE

```
// SampleCode/CHAPTER05/05-04/HelloMetal/MetalView.swift
import SwiftUI
import MetalKit

struct MetalView: UIViewRepresentable {
    typealias UIViewType = MTKView

    // 次の行を追加する
    @Binding var isRunningCapture: Bool

    // 省略

    // 次のようにフレームキャプチャの開始／停止処理を追加する
    func updateUIView(_ uiView: MTKView, context: Context) {
        if self.isRunningCapture {
            if let device = uiView.device {
                context.coordinator.startFrameCapture(device: device)
            }
        }
        else {
            context.coordinator.stopFrameCapture()
        }
    }

    // 省略
}

struct MetalView_Previews: PreviewProvider {
```

```
static var previews: some View {
    // 次の行を変更する
    MetalView(isRunningCapture: .constant(false))
}
}
```

▶ GPUフレームキャプチャの開始と停止

GPUフレームキャプチャを開始するには、**MTLCaptureManager** の次のメソッドを呼びます。

```
func startCapture(with descriptor: MTLCaptureDescriptor) throws
```

引数に設定する **descriptor** で作成するGPUフレームキャプチャのセッションの設定を行います。最低限必要な設定は対象デバイスです。サンプルコードのように **MTLCaptureDescriptor** の **captureObject** プロパティに設定します。

GPUフレームキャプチャを停止するメソッドは、**MTLCaptureManager** の **stopCapture()** メソッドです。

```
func stopCapture()
```

▶ ボタンの処理

MTKView をSwiftUIの中で使うために、サンプルコードでは **UIViewRepresentable** プロトコルに適合したSwiftUIのビューである **MetalView** を実装しています。今回、**MetalView** にバインディングを追加しました。バインディングが変更されると、**updateUIView** メソッドが呼ばれます。バインディングの値の変更は、**ContentView** に追加したボタンで行っています。

ボタンがタップされると、**isRunningCapture** プロパティの値が変わり、**updateUIView** メソッドが呼ばれ、**updateUIView** メソッドでプロパティの値をチェックして、GPUフレームキャプチャの開始や停止を行っています。

▌複数のGPUフレームキャプチャを使ったデバッグ

　実行してみましょう。シミュレータでアプリを実行します。実行したら追加したボタンをタップします。GPUフレームキャプチャが開始されます。キャプチャ中はパフォーマンスが低下するのでアニメーションのフレームレートが低くなります。ある程度、フレームキャプチャを行ったらボタンを再タップしてキャプチャを停止してください。

◉シミュレータでのアプリの実行

　フレームキャプチャを停止するとアプリも停止してXcodeのGPUフレームキャプチャが表示されます。

◉XcodeでのGPUフレームキャプチャの表示

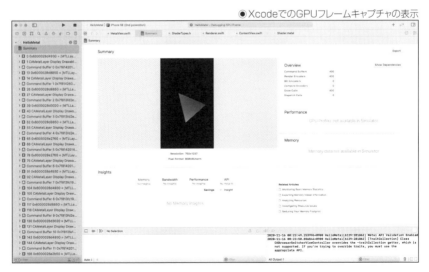

　コールリストから「Command Buffer」の「Render」の「[drawPrimitives:Triangle vertex Start:0 vertexCount:3]」を選択します。

05

デバッグ・チューニング支援機能

●GPUフレームの表示

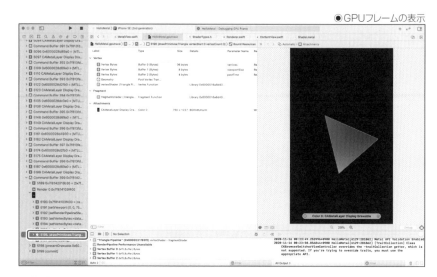

　複数のフレームキャプチャが記録されているので、コンソールエリアの上部の右側のスライダーで記録したフレームにジャンプできます。スライダーの上にカーソルを持って行くとプレビューがポップアップ表示され、スライダーのノブの移動でその場所のGPUフレームキャプチャにジャンプできます。XcodeのGPUフレームキャプチャボタンで停止したときと同様にピクセル値やシェーダーに渡された値などを確認できます。

●フレームの移動

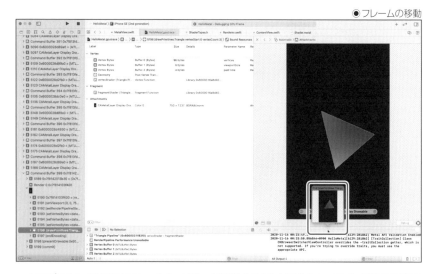

　このようにコードでGPUフレームキャプチャを制御することができます。デバッグ時に特定の機能だけを調べたいときや、特定のメソッドでのコマンドだけを調べたいときなど、Xcodeのボタンクリックでは難しいことがあります。コードからGPUフレームキャプチャを制御することでこのような特定タイミングのみのデバッグも可能になります。

CHAPTER 06

テクスチャ

テクスチャについて

Metalでは、頂点の色から面の色が自動的に補間されます。面を色で塗りつぶすのではなく、画像で塗りつぶすこともできます。この面を塗りつぶすときに使用する画像情報のことを「テクスチャ」と呼びます。

▌▌▌テクスチャマッピングとは

テクスチャマッピングは、一般的には3次元CGにおいて、面にテクスチャを使って質感を与える手法のことを指します。Metalは面を三角形の組み合わせで描画します。テクスチャマッピングは単純にテクスチャから画素を取り出して、最終表示位置に乗せるという単純な処理ではありません。光源やポリゴンの重なりなど、見え方に影響を与える情報を計算して最終的なピクセルデータを計算します。

テクスチャは画像データです。テクスチャは画像ファイルから作成できます。プログラム内で動的に作成した画像を使って動的に作ることもできます。また、テクスチャを構成する画素(ピクセル)のことを「テクセル」と呼びます。

▌▌▌テクスチャ座標

面にテクスチャを描画するときに、テクスチャの画像を面に対してどのように貼り付けるのかという情報が必要になります。頂点ごとにテクスチャのマッピング位置を指定します。マッピング位置はテクスチャ座標系と呼ばれる座標系での座標を指定します。

テクスチャ座標系は、テクスチャの画像内の位置を示す座標系で、幅を1.0、高さを1.0とします。次の図のような座標系です。

●テクスチャ座標系

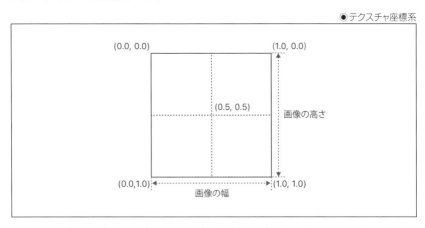

3D CGを作ったことがある方には、UV座標と書いた方がわかりやすいかもしれません。Metalのテクスチャ座標とは、一般的にはUV座標と呼んでいる座標です。UV座標はX方向をU、垂直方向をVとします。

▌▌▌ ピクセルフォーマット

テクスチャ画像をどのように持つかはアプリによって異なります。たとえば、次のような方法があるでしょう。

- 画像ファイルや独自形式の画像ファイルでアプリ内にリソースとして組み込む
- アプリ内で動的に生成する
- ゲームのシナリオデータファイルなどアプリとは別のファイルで組み込む
- インターネット経由でオンデマンドでダウンロードする

上記は一例ですが、どのような方法であっても構いません。最終的には、Metalが対応しているピクセルフォーマットのデータにすることができれば、テクスチャ画像として使用可能です。

ピクセルフォーマットとは画像のピクセルデータの並び方の方式を定めたものです。Metalが対応しているピクセルフォーマットは、機能セットで定義されています。つまり、使用可能かどうかは実行時に判定する必要があります。機能セットについては16ページの『機能セットについて』を参照してください。

デフォルトのピクセルフォーマットは、`MTLPixelFormatRGBA8Unorm` です。この形式はRGBAの4チャンネルで構成され、各チャンネルは8ビットです。次の図は、この方式で格納された画像データの左上、2×2ピクセルを抜き出した図です。

●MTLPixelFormatRGBA8Unorm

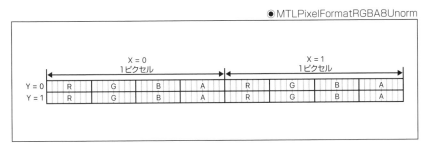

テクスチャを作成する

Metalのテクスチャを作成する処理を解説します。ここでは、画像ファイルからピクセルデータを読み込み、テクスチャ作成する方法を解説します。この章で作成するサンプルアプリは、CHAPTER 02で作成した「HelloMetal」を元にして作成します。「HelloMetal」をこの章の作業用にコピーして、プロジェクトファイルを開いて操作してください。

▌▌▌ 画像ファイルをプロジェクトに追加する

プロジェクトにテクスチャに使用する画像ファイルを追加します。テクスチャにしたい画像ファイルをJPEGファイルで用意し、ファイル名を「TextureImage.jpg」に変更してください。次のように操作して画像を組み込みます。

❶ プロジェクトウインドウの左側、プロジェクトナビゲータで「Assets.xcassets」を選択します。

●「Assets.xcassets」の選択

❷ エディタエリアの下側に表示された「+」ボタンをクリックし、ポップアップメニューから「Import」を選択します。

●「Import」の選択

❸ 「TextureImage.jpg」を選択し、「Open」ボタンをクリックします。

◉画像ファイルの選択

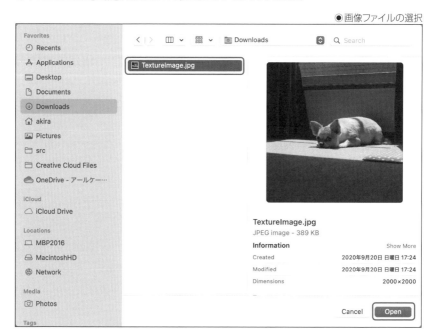

❹ 「TextureImage」を選択し、「View」メニューから「Inspectors」→「Attributes」を選択します。
❺ アトリビュートインスペクタの「Scales」から「Single Scale」を選択します。

◉「Single Scale」の選択

▌▌▌ 画像ファイルからピクセルデータを取得する

画像ファイルからピクセルデータを取り出すには、次のような手順で行います。

1 「UIImage」クラスを使って画像を読み込む。

2 「UIImage」クラスから「CGImage」を取得する。

3 「CGImage」から「CGDataProvider」を取得する。

4 「CGDataProvider」からピクセルデータを取得する。

これらの処理を行うメソッドを追加します。 `Renderer.swift` に次のようにコードを追加してください。この時点では、テクスチャの作成までは行わないので、追加する `makeTexture` メソッドは `nil` を返します。Metalではテクスチャは **MTLTexture** を使用します。追加する **makeTexture** メソッドは作成したテクスチャを返すので、戻り値を **MTLTexture** にします。

SAMPLE CODE

```
// SampleCode/CHAPTER06/06-02/HelloMetal/Renderer.swift
import Foundation
import MetalKit

class Renderer: NSObject, MTKViewDelegate {
    // 省略

    // 次のメソッドを追加する
    func makeTexture(device: MTLDevice?) -> MTLTexture? {
        // アセットカタログから画像を読み込む
        guard let image = UIImage(named: "TextureImage") else {
            return nil
        }

        // CGImageを取得する
        guard let cgImage = image.cgImage else {
            return nil
        }

        // データプロバイダ経由でピクセルデータを取得する
        guard let pixelData = cgImage.dataProvider?.data else {
            return nil
        }

        guard let srcBits = CFDataGetBytePtr(pixelData) else {
            return nil
        }

        return nil
    }
}
```

▶ UIImageについて

UIImage はUIKitフレームワークの画像の読み込み／描画クラスです。ここではアセットカタログに登録した TextureImage を読み込むために、次のイニシャライザを使っています。

```
init?(named name: String)
```

▶ CGImageについて

CGImage はCore Graphicsフレームワークの画像タイプです。UIImage は CGImage を持っているので UIImage から次のプロパティを使って CGImage を取得します。

```
var cgImage: CGImage? { get }
```

なぜ、UIImage から CGImage を取得するかというと、理由は2つあります。1つはピクセルデータを最終的に取得するには、CGImage のデータプロバイダを取得する必要があるからです。もう1つは、テクスチャを作るために必要な情報を CGImage が持っているからです。

▶ CGDataProviderについて

CGDataProvider は CGImage のピクセルデータを格納するオブジェクトです。CGImage の次のプロパティを使って取得できます。

```
var dataProvider: CGDataProvider? { get }
```

ピクセルデータは CGDataProvider の次のプロパティを使って取得できます。

```
var data: CFData? { get }
```

ピクセルデータからテクスチャを作成する

取得したピクセルデータを使ってテクスチャを作成します。次のように makeTexture メソッドにコードを追加してください。

SAMPLE CODE

```swift
// SampleCode/CHAPTER06/06-03/HelloMetal/Renderer.swift
import Foundation
import MetalKit

class Renderer: NSObject, MTKViewDelegate {
    // 省略

    func makeTexture(device: MTLDevice?) -> MTLTexture? {
        // アセットカタログから画像を読み込む
        guard let image = UIImage(named: "TextureImage") else {
            return nil
        }

        // CGImageを取得する
```

```swift
guard let cgImage = image.cgImage else {
    return nil
}


// データプロバイダ経由でピクセルデータを取得する
guard let pixelData = cgImage.dataProvider?.data else {
    return nil
}


guard let srcBits = CFDataGetBytePtr(pixelData) else {
    return nil
}


// 以下のコードを追加する

// テクスチャを作成する
let desc = MTLTextureDescriptor.texture2DDescriptor(
    pixelFormat: .rgba8Unorm,
    width: cgImage.width,
    height: cgImage.height,
    mipmapped: false)


let texture = device?.makeTexture(descriptor: desc)

// RGBA形式のピクセルデータを作る
let bytesPerRow = cgImage.width * 4
var dstBits = Data(count: bytesPerRow * cgImage.height)
let alphaInfo = cgImage.alphaInfo

let rPos = (alphaInfo == .first || alphaInfo == .noneSkipFirst) ? 1 : 0
let gPos = rPos + 1
let bPos = gPos + 1
let aPos = (alphaInfo == .last || alphaInfo == .noneSkipLast) ? 3 : 0

for y in 0 ..< cgImage.height {
    for x in 0 ..< cgImage.width {
        let srcOff = y * cgImage.bytesPerRow +
            x * cgImage.bitsPerPixel / 8
        let dstOff = y * bytesPerRow + x * 4

        dstBits[dstOff] = srcBits[srcOff + rPos]
        dstBits[dstOff + 1] = srcBits[srcOff + gPos]
        dstBits[dstOff + 2] = srcBits[srcOff + bPos]

        if alphaInfo != .none {
            dstBits[dstOff + 3] = srcBits[srcOff + aPos]
        }
```

```
        }
    }

    // テクスチャのピクセルデータを置き換える
    dstBits.withUnsafeBytes { (bufPtr) in
        if let baseAddress = bufPtr.baseAddress {
            let region = MTLRegion(origin: MTLOrigin(x: 0, y: 0, z: 0),
                                   size: MTLSize(width: cgImage.width,
                                                 height: cgImage.height,
                                                 depth: 1))
            texture?.replace(region: region,
                    mipmapLevel: 0,
                    withBytes: baseAddress,
                    bytesPerRow: bytesPerRow)
        }
    }

    return texture
    }
}
```

▶ テクスチャの作成

テクスチャを作成するには、次のような処理を行います。

■ 1「MTLTextureDescriptor」にテクスチャの大きさなどを設定する。

■ 2「MTLDevice」に ■1 の「MTLTextureDescriptor」を渡して、テクスチャを作成する。

■ 3 2 で作成したテクスチャのピクセルデータを置き換える。

makeTexture メソッドに追加したコードは上記の3つの処理を行っています。

■1 の処理は MTLTextureDescriptor の次のメソッドを使用します。

```
class func texture2DDescriptor(pixelFormat: MTLPixelFormat,
    width: Int, height: Int, mipmapped: Bool) -> MTLTextureDescriptor
```

引数 pixelFormat はテクスチャが内部で持つピクセルデータの形式を指定します。使用可能な形式は機能セットに定義されています。ここでは、Metal対応デバイスならどれでも使用可能な各チャンネルが8ビットのRGBAになるように、.rgba8Unorm を指定します。

引数 width は幅、引数 height は高さです。引数 mipmapped はミップマップを行うかどうかを指定します。ここでは使用しないので false にします。

■2 の処理は、MTLDevice の次のメソッドを使用します。

```
func makeTexture(descriptor: MTLTextureDescriptor) -> MTLTexture?
```

■3 の処理は、MTLTexture の次のメソッドを使用します。

```
func replace(region: MTLRegion, mipmapLevel level: Int,
    withBytes pixelBytes: UnsafeRawPointer, bytesPerRow: Int)
```

引数 `region` は置き換えるピクセルデータの範囲を指定します。ここではテクスチャ全体を指定しています。引数 `mipmapLevel` はミップマップを行うときは適切な値を指定する必要がありますが、使用しないので0を指定します。

引数 `pixelBytes` はテクスチャにコピーするピクセルデータを指定します。ここに指定するデータは `texture2DDescriptor` に指定した形式にする必要があります。そのため、実行する前にファイルから読み込んだピクセルデータから変換処理を行っています。変換処理については、次ページの『ピクセルデータの変換』を参照してください。

引数 `bytesPerRow` はピクセルデータの水平方向1ラインの長さをバイト長で指定します。

▶ 水平方向1ラインの長さについて

ピクセルデータのチャンネル毎のピクセル値の格納方法には、次の2つの方式があります。

● 点順次方式

● 面順次方式

点順次方式はRGBARGBA...のように前から1ピクセルごとに全チャンネルのデータを並べます。面順次方式はRR...GG...BB...AA...のようにチャンネルごとに画像を作り、それを並べます。

◉点順次方式

R	G	B	A	R	G	B	A	R	G	B	A
R	G	B	A	R	G	B	A	R	G	B	A
R	G	B	A	R	G	B	A	R	G	B	A

◉面順次方式

R	R	R
R	R	R
R	R	R
G	G	G
G	G	G
G	G	G
B	B	B
B	B	B
B	B	B
A	A	A
A	A	A
A	A	A

ここで使っている方式は点順次方式です。そのため、水平方向1ラインに必要なデータ長は次の式で計算できます。

画像の幅 * 1ピクセルあたりのビット数 / 8

`.rgba8Unorm` は、8ビット4チャンネル=32ビットなので、次のようになります。

画像の幅 * 32 / 8 = 画像の幅 * 4

▶ ピクセルデータの変換

UIImage がデコードした画像データは著者の環境では変換が不要な状態（RGBX）でデコードされていました。しかし、実行時にその形になるかどうかは、実行環境に依存してしまうので、念のため変換処理を行います。JPEGデータはもともとは3チャンネルのデータです。そのため、チェックするべきポイントは下記のところです。

- アルファチャンネルがデコーダによって追加されていないか？
- アルファチャンネルが追加された場合はどの位置か？

この2点を考慮しながら新規に確保した **Data** にピクセルデータをコピーします。

アルファチャンネルの状態は **CGImage** の **alphaInfo** プロパティに入っています。プロパティの値とアルファチャンネルの状態の関係は次の表のようになります。

alphaInfo	アルファチャンネルの状態
none	なし。RGBなど
first	先頭がアルファチャンネル。ARGBなど
last	最後がアルファチャンネル。RGBAなど
noneSkipFirst	先頭に無視するチャンネル。XRGBなど
noneSkipLast	最後に無視するチャンネル。RGBXなど

UIImage を使った場合、デコーダの挙動がどうなるかということを考慮した作りにせざるを得ません。パフォーマンスを改善したい場合には、独自のファイル形式にする方法や、細かな制御ができるJPEGデコーダを組み込んで、指定したピクセル形式にデコードするようにするという方法もあります。たとえば、オープンソースのIJGやTurbo JPEGなどを使う方法があります。または、頻繁に使用するテクスチャだけでもキャッシュファイルを作っておくなどもよいでしょう。

▶ テクスチャのピクセルデータの置き換え

テクスチャのピクセルデータを置き換えるには、**MTLTexture** の **replace** メソッドを使うには、**UnsafeRawPointer** が必要です。 **Data** から **UnsafeRawPointer** を取得するには、次のようにします。

1 「withUnsafeBytes」メソッドで「UnsafeRawBufferPointer」を取得する。
2 「UnsafeRawBufferPointer」の「baseAddress」プロパティを取得する。

これらの処理を行っているのが次のコードです。

```
dstBits.withUnsafeBytes { (bufPtr) in
    if let baseAddress = bufPtr.baseAddress {
        // 省略
    }
}
```

159

四角形の描画処理

テクスチャを張る四角形を描画する処理を実装します。四角形の描画処理は、複雑な形状の描画処理の基本になる処理です。複雑な形状も頂点の数が増えるだけで、基本的には四角形の描画処理と同じです。

隣接三角形を組み合わせた面描画

Metalでは三角形を組み合わせて面を描画します。複雑な形状のポリゴンであっても同じです。たとえば、四角形は次のような2つの三角形に分割して描画します。

●隣接三角形を組み合わせた面描画

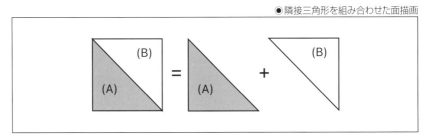

四角形を描画する

`HelloMetal` の三角形を描画する処理を四角形を描画する処理に変更します。同時に背景色を黒、四角形は単色になるように実装します。 `MetalView.swift` と `Renderer.swift` のコードを次のように変更してください。

SAMPLE CODE

```
// SampleCode/CHAPTER06/06-04/HelloMetal/MetalView.swift
import SwiftUI
import MetalKit

struct MetalView: UIViewRepresentable {
    typealias UIViewType = MTKView

    func makeUIView(context: Context) -> MTKView {
        let view = MTKView()
        view.device = MTLCreateSystemDefaultDevice()
        view.delegate = context.coordinator

        // 次のように背景色を変更する
        view.clearColor = MTLClearColor(red: 0.0, green: 0.0, blue: 0.0,
            alpha: 1.0)

        // 省略
```

```
        }

    // 省略
}
// 省略
```

SAMPLE CODE

```swift
// SampleCode/CHAPTER06/06-04/HelloMetal/Renderer.swift
import Foundation
import MetalKit

class Renderer: NSObject, MTKViewDelegate {
    // 省略

    func mtkView(_ view: MTKView, drawableSizeWillChange size: CGSize) {
        self.viewportSize = size

        // 次のように四角形の頂点座標を計算するようにコードを変更する

        // 四角形の頂点の座標を計算する
        // 2つの三角形で構成する
        let wh = Float(min(size.width, size.height))

        self.vertices = [
            // 三角形 (1)
            ShaderVertex(position: vector_float2(-wh / 2.0, wh / 2.0),
                    color: vector_float4(1.0, 1.0, 1.0, 1.0)),
            ShaderVertex(position: vector_float2(-wh / 2.0, -wh / 2.0),
                    color: vector_float4(1.0, 1.0, 1.0, 1.0)),
            ShaderVertex(position: vector_float2(wh / 2.0, -wh / 2.0),
                    color: vector_float4(1.0, 1.0, 1.0, 1.0)),

            // 三角形 (2)
            ShaderVertex(position: vector_float2(wh / 2.0, -wh / 2.0),
                    color: vector_float4(1.0, 1.0, 1.0, 1.0)),
            ShaderVertex(position: vector_float2(-wh / 2.0, wh / 2.0),
                    color: vector_float4(1.0, 1.0, 1.0, 1.0)),
            ShaderVertex(position: vector_float2(wh / 2.0, wh / 2.0),
                    color: vector_float4(1.0, 1.0, 1.0, 1.0))
        ]
    }

    func draw(in view: MTKView) {
        // 省略

        if let pipeline = self.pipelineState {
```

06
テクスチャ

```
            // 省略                                          ▼

            // 次のように「.triangle」を「.triangleStrip」に変更する
            // 四角形を描画する
            encoder.drawPrimitives(type: .triangleStrip,
                vertexStart: 0, vertexCount: 6)
        }

        encoder.endEncoding()

        if let drawable = view.currentDrawable {
            cmdBuffer.present(drawable)
        }

        cmdBuffer.commit()
    }

    // 省略
}
```

▶隣接三角形を使った面描画

隣接三角形を使った面描画を行うには、三角形の描画と同じように **MTLRenderCommand Encoder** の **drawPrimitives** メソッドを使用します。

```
func drawPrimitives(type primitiveType: MTLPrimitiveType,
    vertexStart: Int, vertexCount: Int)
```

三角形のときと異なるのは指定するプリミティブです。三角形のときは引数 **type** に **.triangle** を指定しましたが、**.triangleStrip** を指定します。 **.triangleStrip** を指定すると、Vertexステージに渡された頂点リストを使って複数の三角形を描画して面を作ります。

Vertexステージに渡す頂点リストは **mtkView(_:drawableSizeWillChange:)** メソッドで **vertices** プロパティに代入しています。CHAPTER 02では三角形の頂点を代入していたのを、2つの三角形の頂点を代入するように変更しています。コードで見るとわかりにくいですが、図にすると次のような2つの三角形で構成された四角形になっています。

●2つの三角形で四角形を構成

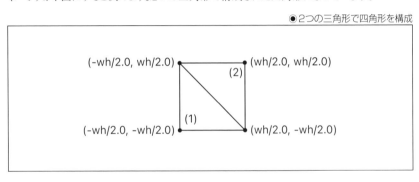

||| シミュレータで実行する

　実装したコードを実行してみましょう。白い四角形が描画されたら成功です。

●四角形が描画される

四角形へのテクスチャマッピング

四角形にテクスチャをマッピングします。テクスチャマッピングの基本的な考え方は、Fragment関数でピクセルの色を決定するときに、テクスチャから取得した対応する座標の色を使うということです。そのためには、ここでは次のような処理を実装します。

- 各頂点のテクスチャ座標を設定する。
- レンダーパスにテクスチャを設定する。
- Fragment関数でテクスチャから色（ピクセル値）を取得する。

▌▌▌頂点へのテクスチャ座標の設定

Fragment関数にテクスチャ座標が渡るようにするために、Vertex関数に渡すデータに頂点のテクスチャ座標を追加します。ここでは四角形全体でテクスチャを1枚表示するコードを実装します。コードを次のように変更します。

- 「ShaderVertex」構造体に「textureCoordinate」を追加し、頂点のテクスチャ座標を代入する。
- シェーダーの「RasterizerData」構造体に「textureCoordinate」を追加し、Vertex関数の出力に頂点のテクスチャ座標を追加する。

SAMPLE CODE

```
// SampleCode/CHAPTER06/06-05/HelloMetal/ShaderTypes.h
// 省略
typedef struct
{
    vector_float2 position;
    vector_float4 color;
    vector_float2 textureCoordinate; // この行を追加する

} ShaderVertex;


#endif /* SHADER_TYPES_H */
```

SAMPLE CODE

```
// SampleCode/CHAPTER06/06-05/HelloMetal/Renderer.swift
import Foundation
import MetalKit

class Renderer: NSObject, MTKViewDelegate {
    // 省略

    func mtkView(_ view: MTKView, drawableSizeWillChange size: CGSize) {
        self.viewportSize = size
```

▼

▼

```
// 四角形の頂点の座標を計算する
// 2つの三角形で構成する
let wh = Float(min(size.width, size.height))


// 次のように「textureCoordinate」引数を追加する

self.vertices = [
    // 三角形 (1)
    ShaderVertex(position: vector_float2(-wh / 2.0, wh / 2.0),
              color: vector_float4(1.0, 1.0, 1.0, 1.0),
              textureCoordinate: vector_float2(0.0, 0.0)),
    ShaderVertex(position: vector_float2(-wh / 2.0, -wh / 2.0),
              color: vector_float4(1.0, 1.0, 1.0, 1.0),
              textureCoordinate: vector_float2(0.0, 1.0)),
    ShaderVertex(position: vector_float2(wh / 2.0, -wh / 2.0),
              color: vector_float4(1.0, 1.0, 1.0, 1.0),
              textureCoordinate: vector_float2(1.0, 1.0)),

    // 三角形 (2)
    ShaderVertex(position: vector_float2(wh / 2.0, -wh / 2.0),
              color: vector_float4(1.0, 1.0, 1.0, 1.0),
              textureCoordinate: vector_float2(1.0, 1.0)),
    ShaderVertex(position: vector_float2(-wh / 2.0, wh / 2.0),
              color: vector_float4(1.0, 1.0, 1.0, 1.0),
              textureCoordinate: vector_float2(0.0, 0.0)),
    ShaderVertex(position: vector_float2(wh / 2.0, wh / 2.0),
              color: vector_float4(1.0, 1.0, 1.0, 1.0),
              textureCoordinate: vector_float2(1.0, 0.0))
    ]
}

// 省略
}
```

01
02
03
04
05

06
テクスチャ

SAMPLE CODE

```
// SampleCode/CHAPTER06/06-05/HelloMetal/Shader.metal
#include <metal_stdlib>
#include "ShaderTypes.h"

// Vertex関数が出力するデータの型定義
typedef struct {
    // 座標
    float4 position [[position]];

    // 色
```

▼

```
    float4 color;

    // 以下のように「textureCoordinate」を追加する
    // テクスチャ座標
    float2 textureCoordinate;

} RasterizerData;

vertex RasterizerData vertexShader(
    uint vertexID [[vertex_id]],
    constant ShaderVertex *vertices
    [[buffer(kShaderVertexInputIndexVertices)]],
    constant vector_float2 *viewportSize
    [[buffer(kShaderVertexInputIndexViewportSize)]])
{
    RasterizerData result = {};
    result.position = float4(0.0, 0.0, 0.0, 1.0);
    result.position.xy = vertices[vertexID].position / (*viewportSize);
    result.color = vertices[vertexID].color;

    // 次の行を追加する
    result.textureCoordinate = vertices[vertexID].textureCoordinate;
    return result;
}

// 省略
```

▶ テクスチャ座標をVertex関数の出力に追加する

テクスチャ座標を使って、テクスチャから色（ピクセル）を取得するのはFragment関数の役割です。色と同様にVertex関数でテクスチャ座標を出力することで、Fragment関数には頂点以外の場所についても適切なテクスチャ座標が計算されて渡されます。

III レンダーパスへのテクスチャの設定

テクスチャがシェーダーに渡されるように、レンダーパスにテクスチャを設定します。次のように
にコードを変更してください。

- ●「ShaderTypes.h」にテクスチャの引数テーブルのインデックスを追加する。
- ●「Renderer.swift」にテクスチャを代入するプロパティを追加する。
- ●「Renderer.swift」にテクスチャの作成処理の実行を追加する。
- ●「Renderer.swift」にFragment関数に渡すテクスチャを設定する処理を追加する。

SAMPLE CODE

```
// SampleCode/CHAPTER06/06-06/HelloMetal/ShaderTypes.h
#ifndef SHADER_TYPES_H
#define SHADER_TYPES_H

#include <simd/simd.h>

enum
{
    kShaderVertexInputIndexVertices     = 0,
    kShaderVertexInputIndexViewportSize = 1,
};

// 以下のように「kFragmentInputIndexTexture」の定義を追加する
enum
{
    kFragmentInputIndexTexture = 0
};

// 省略
```

SAMPLE CODE

```
// SampleCode/CHAPTER06/06-06/HelloMetal/Renderer.swift
import Foundation
import MetalKit

class Renderer: NSObject, MTKViewDelegate {
    let parent: MetalView
    var commandQueue: MTLCommandQueue?
    var pipelineState: MTLRenderPipelineState?
    var viewportSize: CGSize = CGSize()
    var vertices: [ShaderVertex] = [ShaderVertex]()

    // 次のプロパティを追加する
    var texture: MTLTexture?

    // 省略
```

```
func setup(device: MTLDevice, view: MTKView) {
    self.commandQueue = device.makeCommandQueue()
    setupPipelineState(device: device, view: view)
    // 次の行を追加する
    self.texture = makeTexture(device: device)
}

// 省略

func draw(in view: MTKView) {
    guard let cmdBuffer = self.commandQueue?.makeCommandBuffer() else {
        return
    }

    guard let renderPassDesc = view.currentRenderPassDescriptor else {
        return
    }

    guard let encoder = cmdBuffer.makeRenderCommandEncoder(
        descriptor: renderPassDesc) else {
        return
    }

    encoder.setViewport(MTLViewport(originX: 0, originY: 0,
                                    width: Double(self.viewportSize.width),
                                    height: Double(self.viewportSize.height),
                                    znear: 0.0, zfar: 1.0))

    if let pipeline = self.pipelineState {
        // パイプライン状態オブジェクトを設定する
        encoder.setRenderPipelineState(pipeline)

        // Vertex関数に渡す引数を設定する
        encoder.setVertexBytes(self.vertices,
                        length: MemoryLayout<ShaderVertex>.size *
                                self.vertices.count,
                        index: kShaderVertexInputIndexVertices)

        var vpSize = vector_float2(Float(self.viewportSize.width / 2.0),
                                Float(self.viewportSize.height / 2.0))
        encoder.setVertexBytes(&vpSize,
                        length: MemoryLayout<vector_float2>.size,
                        index: kShaderVertexInputIndexViewportSize)

        // 次の2行を追加する
        // テクスチャを設定する
```

```
        encoder.setFragmentTexture(self.texture, index: kFragmentInputIndexTexture) ▼

        // 四角形を描画する
        encoder.drawPrimitives(type: .triangleStrip, vertexStart: 0, vertexCount: 6)
    }

    encoder.endEncoding()

    if let drawable = view.currentDrawable {
        cmdBuffer.present(drawable)
    }

    cmdBuffer.commit()
  }

  // 省略
}
```

▶ テクスチャの作成

　テクスチャをアプリに組み込んだ画像ファイルから作成する処理は152ページの『テクスチャを作成する』で実装した **makeTexture** メソッドで行います。ここでは、**makeTexture** メソッドが作成したテクスチャを代入するプロパティと **makeTexture** メソッドの実行コードを追加しています。

▶ テクスチャの設定

　Fragment関数にテクスチャを渡すには、**MTLRenderCommandEncoder** の次のメソッドを使ってレンダーパスにテクスチャを設定するコマンドを追加します。

```
func setFragmentTexture(_ texture: MTLTexture?, index: Int)
```

　引数「index」には引数テーブルのインデックスを指定します。本書では、**ShaderTypes.h** に定義しています。関数ごとに独立した値を使うので、Vertex関数用の **enum** とは別に **enum** を定義しています。

Ⅲ Fragment関数でテクスチャを使用する

Fragment関数を変更し、テクスチャのピクセルを使って描画する処理に変更します。**Shader .metal** を次のように変更してください。

```
// SampleCode/CHAPTER06/06-07/Shader.metal


// 省略


// 次のように「fragmentShader」関数の引数とコードを変更する
fragment float4 fragmentShader(
    RasterizerData in [[stage_in]],
    metal::texture2d<half> texture [[texture(kFragmentInputIndexTexture)]])
{
    constexpr metal::sampler textureSampler(metal::mag_filter::linear,
                                            metal::min_filter::linear);
    const half4 colorSample = texture.sample(textureSampler,
        in.textureCoordinate);

    return float4(colorSample);
}
```

▶ シェーダー内でのテクスチャ

レンダーパスに設定されたテクスチャは、シェーダー側のFragment関数では、**metal:: texture2d<T>** というタイプで渡されます。 **T** にはRGB値の型を指定します。次の型が使用できます。

- half
- float
- short
- ushort
- int
- uint

本書のサンプルコードでは **half** を使っていて、次のように定義しています。

```
metal::texture2d<half> texture [[texture(引数テーブルのインデックス)]]
```

引数テーブルのインデックスは **ShaderTypes.h** に定義しました。同じ定数を **Renderer. swift** も使っていてテクスチャを参照できるようにしています。

▶ テクスチャのピクセル値の取得

テクスチャから表示するピクセル値を取得するには、**metal::texture2d<T>** の **sample** メソッドを使っています。 **sample** メソッドは次のように定義されています。

```
METAL_FUNC vec<T, 4> sample(sampler s, float2 coord,
    int2 offset = int2(0)) const thread
```

引数 s にはサンプラーを指定します。サンプラーを使って補間方法を指定できます。引数 coord は座標です。 sample メソッドはこの2つの情報をもとにピクセルの色を返します。Fragment関数は各ピクセルの色を返す関数なので、sample メソッドが返した色をそのまま返せば、テクスチャをそのまま表示することができます。

▶ サンプラーについて

サンプラーは補間方法の情報を持つオブジェクトです。補間というのは、テクスチャをマッピングする領域とテクスチャデータの画像サイズが異なるときに、拡大・縮小して色を決定するときに使用するアルゴリズムのことです。本書のサンプルでは、次のように2つのフィルターを指定しています。

```
constexpr metal::sampler textureSampler(metal::mag_filter::linear,
                                        metal::min_filter::linear);
```

最初の引数の metal::mag_filter::linear は拡大するときに使用されるアルゴリズム、2番目の引数の metal::min_filter::linear は縮小されるアルゴリズムです。どちらも linear を指定しています。Metalでは次の2つのフィルタが用意されています。

- nearest
- linear

nearest の方が高速に動作しますが、linear の方が出力画像は滑らかになります。使用場所によって使い分けるとよいでしょう。

▌▌▌ シミュレータで実行する

シミュレータで実行してみましょう。四角形にテクスチャがマッピングされて表示されれば成功です。

●テクスチャマッピングされる

Core Imageの画像処理フィルタ

macOS/iOS/iPadOS/tvOSには、Core Imageというフレームワークがあります。Core Image はOSに標準搭載されており、画像処理フィルタが組み込まれています。Core Imageを利用する ことで、アプリは画像処理のアルゴリズムを独自に実装しなくても、画像処理を行うことができます。

いろいろなアプリで使われる可能性が高いフィルタが組み込まれており、画像編集専門アプ リ以外は十分事足りるということも多いでしょう。組み込まれているフィルタの種類については、 リファレンスドキュメントを参照してください。

- ● Core Image Filter Reference
  - **URL** https://developer.apple.com/library/archive/documentation/
        GraphicsImaging/Reference/CoreImageFilterReference/index.html

ここでは、Metalと組み合わせてテクスチャをセピアに変更する機能を実装します。

▐▐▐ フィルタの適用方法

フィルタを画像に適用するには、次のような処理を実装します。

●フィルタの適用処理

▶ コンテキスト作成

Core Imageのフィルタは画像処理に必要な情報をコンテキストオブジェクトに入れます。 Core Imageフィルタのコンテキストオブジェクトは **CIContext** クラスです。 **CIContext** ク ラスのインスタンスは一度作ったら使い回しが可能です。スレッドセーフになっているので、複 数スレッドから同時使用も可能なので、アプリ起動時に作成して、そのまま保持するのがよい でしょう。

▶ 入力画像作成

Core Imageで使用する画像オブジェクトは **CIImage** クラスを使用します。 **CIImage** クラスはとても柔軟な設計になっていて、Core Graphicsの **CGImage** やMetalの **MTLTexture** などをラップさせることができます。 **MTLTexture** をラップできるので、テクスチャに直接フィルタを適用できます。

▶ フィルタ情報設定

フィルタ情報は **CIFilter** クラスを使用します。 **CIFilter** クラスに使用するフィルタやフィルタのパラメータ、入力画像などを設定します。

▶ フィルタ適用と出力画像取得

フィルタの適用と出力画像の取得は、**CIFilter** クラスと **CIContext** クラスを使用します。 **CIFilter** クラスはフィルタ適用結果の **CIImage** クラスを取得し、**CIContext** クラスを使って **CIImage** クラスから **CGImage** や **MTLTexture** を作成します。

███ テクスチャへのフィルタ適用

テクスチャへのフィルタ適用を実装します。ここでは単純に **Sepia** ボタンがタップされたらテクスチャをセピア調に変える処理を実装します。まずは、ボタンから実行される **applySepia** メソッドを実装します。次のように **Renderer.swift** にコードを追加してください。

SAMPLE CODE

```
// SampleCode/CHAPTER06/06-08/HelloMetal/Renderer.swift
import Foundation
import MetalKit

class Renderer: NSObject, MTKViewDelegate {
    let parent: MetalView
    var commandQueue: MTLCommandQueue?
    var pipelineState: MTLRenderPipelineState?
    var viewportSize: CGSize = CGSize()
    var vertices: [ShaderVertex] = [ShaderVertex]()
    var texture: MTLTexture?

    // 以下の4つのプロパティを追加する
    var originalTexture: MTLTexture?
    var device: MTLDevice?
    var filterContext: CIContext?
    var isFiltered: Bool = false

    // 省略

    func setup(device: MTLDevice, view: MTKView) {
        self.commandQueue = device.makeCommandQueue()
        setupPipelineState(device: device, view: view)
        self.texture = makeTexture(device: device)
```

▼

```
    // 以下の3行を追加し、プロパティを設定する
    self.originalTexture = self.texture
    self.device = device
    self.filterContext = CIContext(mtlDevice: device)
}


// 省略


// 以下の2つのメソッドを追加する


// テクスチャをリセットする
func resetTexture() {
    self.texture = self.originalTexture
    self.isFiltered = false
}


// テクスチャをセピア調に変える
func applySepia() {
    // 入力画像の設定
    guard let originalTexture = self.originalTexture else {
        return
    }
    guard let srcImage =
        CIImage(mtlTexture: originalTexture, options: nil) else {
        return
    }

    // フィルタ情報を設定する
    let filter = CIFilter(name: "CISepiaTone")
    filter?.setValue(srcImage, forKey: kCIInputImageKey)
    filter?.setValue(1.0, forKey: kCIInputIntensityKey)

    // 適用された画像取得
    guard let dstImage = filter?.outputImage else {
        return
    }

    // テクスチャを作る
    let width = originalTexture.width
    let height = originalTexture.height
    let desc = MTLTextureDescriptor.texture2DDescriptor(
        pixelFormat: .rgba8Unorm, width: width, height: height,
        mipmapped: false)
    desc.usage = [.shaderRead, .shaderWrite]

    let dstTexture = self.device?.makeTexture(descriptor: desc)
```

```
        if dstTexture != nil {
            // テクスチャにレンダリングする
            let bounds = CGRect(x: 0, y: 0, width: width, height: height)
            self.filterContext?.render(
                dstImage, to: dstTexture!, commandBuffer: nil,
                bounds: bounds, colorSpace: CGColorSpaceCreateDeviceRGB())
            self.texture = dstTexture
            self.isFiltered = true
        }
    }
}
```

▶ Metal対応のコンテキストを作成する

Core ImageとMetalを組み合わせるときは、Metalのデバイスを指定してCore Imageのコンテキストを作成します。そのためには、次のイニシャライザを使って **CIContext** のインスタンスを確保します。

```
init(mtlDevice device: MTLDevice)
```

Core Imageのコンテキストは使い回しするので、**Renderer** クラスにプロパティを追加して代入します。

▶ セピア調に変えるフィルタ

CIFilter は次のイニシャライザを使い、引数 **name** に使用するフィルタ名を指定します。

```
init?(name: String)
```

セピア調に変換するフィルタは「CISepiaTone」です。「CISepiaTone」で使用可能なパラメータには下表のものがあります。

パラメータ	説明
kCIInputImageKey	フィルタの適用元の画像
kCIInputIntensityKey	強度。デフォルト値は1.0

パラメータの値を設定するには、次のメソッドを使用します。

```
func setValue(_ value: Any?, forKey key: String)
```

▶ テクスチャをラップする CIImage

Metalのテクスチャから **CIImage** を作成するには、次のイニシャライザを使用します。

```
init?(mtlTexture texture: MTLTexture, options: [CIImageOption : Any]? = nil)
```

▶ 書き込み可能なテクスチャ

フィルタの適用結果をMetalのテクスチャにレンダリングするためには、レンダリング先のテクスチャが書き込み可能である必要があります。 `makeTexture` メソッドで作成したテクスチャは読み込み専用になっています。書き込み可能なテクスチャを作成するには、**MTLTexture Descriptor** の **usage** プロパティに **.shaderWrite** を指定します。また、このサンプルコードでは、レンダリングしたテクスチャをビューに表示する必要があるので、読み込みもできるように、**shaderRead** も設定しています。

```
desc.usage = [.shaderRead, .shaderWrite]
```

▶ 「CIImage」のレンダリング

フィルタの適用結果を上記の『書き込み可能なテクスチャ』で作成したテクスチャにレンダリングするには、**CIContext** の次のメソッドを使用します。

```
func render(_ image: CIImage, to texture: MTLTexture,
    commandBuffer: MTLCommandBuffer?, bounds: CGRect, colorSpace: CGColorSpace)
```

引数 **image** に指定する適用結果の画像は、**CIFilter** の次のプロパティから取得できます。

```
var outputImage: CIImage? { get }
```

▶ フィルタのリセット

適用したフィルタをリセットする機能は、ここでは単純な実装にしました。フィルタの適用元のテクスチャを **originalTexture** プロパティに代入しておき、それを **texture** プロパティに代入するだけです。 **resetTexture** メソッドで実装しています。

▐▐▐ 「Reset」ボタンと「Sepia」ボタンを追加する

作成した **applySepia** メソッドと **resetTexture** メソッドを実行するボタンを追加します。次のような処理を行うコードを実装します。**MetalView** に **Renderer** の **applySepia** メソッドと **resetTexture** メソッドを呼ぶためのコードを実装します。

MetalView.swift に次のようにコードを追加してください。

SAMPLE CODE
```
// SampleCode/CHAPTER06/06-09/HelloMetal/MetalView.swift
import SwiftUI
import MetalKit

struct MetalView: UIViewRepresentable {
    typealias UIViewType = MTKView

    // 以下のように「Filter」の定義とプロパティを追加する
    enum Filter {
```

```
        case original
        case sepia
    }

    @Binding var filter: Filter

    // 省略

    // 次のように「updateUIView」メソッドのコードを変更する
    func updateUIView(_ uiView: MTKView, context: Context) {
        let renderer = context.coordinator
        if self.filter == .original && renderer.isFiltered {
            renderer.resetTexture()
        } else if self.filter == .sepia && !renderer.isFiltered {
            renderer.applySepia()
        }
    }

    func makeCoordinator() -> Renderer {
        return Renderer(self)
    }
}

struct MetalView_Previews: PreviewProvider {
    static var previews: some View {
        // 次のように変更する
        // ライブプレビュー用に定数のバインディングを追加する
        MetalView(filter: .constant(.original))
    }
}
```

MetalView を配置する **ContentView** のコードも次のように変更してください。

SAMPLE CODE

```
// SampleCode/CHAPTER06/06-09/HelloMetal/ContentView.swift
import SwiftUI

struct ContentView: View {
    @State var filter: MetalView.Filter = .original

    var body: some View {
        // プロパティ「body」のコードを以下の様に変更する
        VStack {
            MetalView(filter: $filter)
            HStack {
                Button(action: {
                    self.filter = .sepia
```

```
            }, label: {
                Text("Sepia")
                    .padding()
            })

            Button(action: {
                self.filter = .original
            }, label: {
                Text("Reset")
                    .padding()
            })
        }
      }
    }
}

struct ContentView_Previews: PreviewProvider {
    static var previews: some View {
        ContentView()
    }
}
```

▶「Sepia」ボタンと「Reset」ボタン

「Sepia」ボタンと「Reset」ボタンは `ContentView` に追加しています。行っている処理は単純です。「Sepia」ボタンがタップされたら `filter` プロパティに `.sepia` を代入し、「Reset」ボタンがタップされたら `.original` を代入します。

`filter` プロパティは `MetalView` がバインディングとして参照します。そのため、プロパティへの値代入によって、`MetalView` の `updateUIView` メソッドが呼ばれるトリガーになります。

▶フィルタの適用処理

ボタンがタップされ、`ContentView` の `filter` プロパティの値が変わると、`MetalView` の `updateUIView` メソッドが呼ばれます。 `updateUIView` メソッドは、`filter` プロパティの値と `Renderer` クラスの `isFiltered` プロパティの組み合わせによって、`applySepia` メソッド、または、`resetTexture` メソッドを実行します。この2つのメソッドはテクスチャの内容を変更します。その後、`MTKView` の更新処理のタイミングで変更後のテクスチャが表示されるという流れになります。

　プロパティの組み合わせと実行されるメソッドの関係は次のようになっており、`filter` プロパティの値が変わったときだけ、テクスチャが変更されるようになっています。

MetalView.filter	Renderer.isFiltered	メソッド	補足説明
.original	false	–	変化しないので何もしない
.original	true	resetTexture	セピア状態のときに 「Reset」ボタンがタップされた
.sepia	false	applySepia	オリジナル状態のときに 「Sepia」ボタンがタップされた
.sepia	true	–	変化しないので何もしない

▌▌▌ シミュレータで実行する

　完成したアプリをシミュレータで実行してみましょう。組み込んだ画像がテクスチャとして表示されます。次に「Sepia」ボタンタップしてください。テクスチャがセピア調に変わるはずです。次に「Reset」ボタンをタップしてください。テクスチャが元に戻ります。

◉組み込んだ写真がテクスチャになる

INDEX

は行

ま行

ら行

■著者紹介

林 晃
はやし あきら

アールケー開発代表。ソフトウェアエンジニア。東京電機大学工学部第二部電子工学科を卒業後、大手精密機器メーカー系のソフトウェア開発会社に就職し、その後、独立。2005年にアールケー開発を開業し、企業から依頼を受けて、ソフトウェアの受託開発を行っている。macOSやiOSのソフトウェアを専門に開発している。特に、画像編集プログラム、動画編集プログラム、ハードウェア制御プログラム、ネットワーク通信プログラム、クロスプラットフォーム対応については長い経験を持ち、ネイティブアプリやミドルウェア、SDK開発を多く手がける。ソフトウェア開発の他、オンライン教育コンテンツ開発、技術書執筆、企業における技術指導・技術情報提供、専門家向け技術セミナー講師、行政・自治体での庁内研修講師なども務めている。

ソフトウェア開発の最前線で開発を行いながら、最前線からの技術情報を学べるコンテンツを制作している。

● Webサイト
https://www.rk-k.com/

● Twitter
@studiork

編集担当 ： 吉成明久 / カバーデザイン ： 秋田勘助(オフィス・エドモント)
写真：©Алексей Бутенков - stock.foto

●特典がいっぱいのWeb読者アンケートのお知らせ
C&R研究所ではWeb読者アンケートを実施しています。アンケートにお答えいただいた方の中から、抽選でステキなプレゼントが当たります。詳しくは次のURLのトップページ左下のWeb読者アンケート専用バナーをクリックし、アンケートページをご覧ください。

C&R研究所のホームページ http://www.c-r.com/
携帯電話からのご応募は、右のQRコードをご利用ください。

基礎から学ぶ Metal
MetalによるGPUプログラミング入門

2021年2月1日 初版発行

著　者	林晃
発行者	池田武人
発行所	株式会社　シーアンドアール研究所
	新潟県新潟市北区西名目所 4083-6(〒950-3122)
	電話　025-259-4293　FAX　025-258-2801
印刷所	株式会社　ルナテック

ISBN978-4-86354-336-2 C3055
©Akira Hayashi, 2021　　　　　　　　　　　　　　　Printed in Japan